U0041347

全圖解 1日60秒懶人整理術

小松 易 著

石川 ともこ 圖

王榆琮 譯

前言

井然有序的環境，
造就順暢的工作、舒適的生活！

你有整齊的辦公桌，
卻是房間整理苦手嗎？

　　雖然市面上隨處可見收納整理書籍，但本書主要是寫給那些注重工作環境諸如辦公桌、公事包、文件等品質的人。我的工作就是給人們有關整理收納的建議，除了男性外，也有許多熱愛工作的OL，比起私人空間，這些人多半更在乎自己的工作場所。所以，不少人的辦公環境雖然井然有序，但自家房間整理卻顯得應付了事。

舒適的生活環境
＝順暢的工作效率

　　那麼，是不是只要保持辦公桌整潔，就代表可以放任私人空間亂糟糟？答案是否定的。我認為私人空間不但可以消除一整天累積的疲憊感，也可以為了更久遠的未來養精

蓄銳，同時也是能集中精神工作、唸書的另外一個場所。當然，房間可以擺放自己喜愛的物品，因此也是能展現個人風格的場所。總之，從性格到做事風格，所有關於自己的一切全都能從自家的生活空間展現出來。

沒錯，想擁有舒適的生活環境、順暢的工作效率，就要養成整理好習慣，讓自家的生活空間兼顧工作和喜好，成為一個只花短時間就能隨手整理乾淨的場所。想想，你是否也有這樣的朋友？這些人不只能在工作上遊刃有餘，也保持著井然有序的居家環境。

全圖解懶人整理指南

本書以全圖解的方式，進行深入淺出解說，教你「如何一天只花60秒，輕鬆提高居家品質」，讓生活變得更加輕鬆自在。

大多數人都對於環境整理感到極為困擾，雖然想動手，卻總是找不到頭緒；才剛起頭，就怎麼也無法順利進行下去。有人對整理收納一竅不通；有人無論怎麼整理都會一下子就打回原形……而本書所提供的整理整頓解決方案，並不會要求各位花大錢準備特別的工具及擺飾，而是只要照著書上的簡單方法就可以輕鬆達到目標。我們不只要傳授整理房間的絕招，而且還要讓你從房間的裝飾與品味中體會到整理的樂趣。

愛上整理的
3 個理由

減輕壓力，心情更輕鬆

　　結束一天的工作，回到家中看到散亂的玄關，你是不是常常會不由自主地搖頭嘆氣呢？這是因為雜亂的空間使你在不知不覺間累積龐大的精神壓力。只要能整理房間，就能讓自己的腦袋保持清醒。只要能讓心情放鬆，肯定也能讓自己的創意源源不絕。

節省開銷，做事有效率

　　很多沒有整理環境習慣的人，常常會花很多時間找東西，白白浪費自己的休息時間。只要能養成定期整理生活環境的習慣，確認物品的固定放置位置，馬上就會發現自己可以省下不少時間。房間經過整理後，還能讓周遭維持簡潔狀態，不用額外購買不必要的物品，進而減少不必要的開銷。

房間整潔，人際關係佳

　　「我的房間很亂」你是不是曾用這種理由謝絕來客呢？如果你擁有整潔的生活空間，自然就能讓匯集絕佳人氣。把房間打掃乾淨，不但隨時歡迎客人來訪，若是能營造出令人嚮往的空間氣氛，甚至還有機會認識新朋友呢。經過整理的空間不但乾淨清新，而且也能成為適合大家造訪的場所。

CHAPTER **1** **場所**

前言 **井然有序的環境，**
造就順暢的工作、舒適的生活！ ………… 002

工作空間

01 **桌子** ………… 012

MEMO：桌面、生活、大腦的三角習題

02 **書架** ………… 016

盥洗空間

03 **洗臉台** ………… 021

04 **浴室** ………… 026

05 **廁所** ………… 028

睡眠空間

06 | **床鋪** ……… 031
MEMO：床單、枕頭套與人體的親密關係

07 | **衣櫃** ……… 034

08 | **五斗櫃** ……… 037

料理空間

09 | **冰箱** ……… 040
MEMO：台灣廚餘分類建議方式

10 | **廚房** ……… 046

起居空間

11 | **玄關** ……… 049
MEMO：保管和保存的差別

12 | **沙發** ……… 054

13 | **陽台** ……… 056

CHAPTER **2** 物品

衣著用品

01 **襯衫・西裝** ………… 062

MEMO：去漬的基本知識

02 **便服** ………… 066

MEMO：購衣時的重點清單

03 **鞋子** ………… 069

MEMO：保養皮鞋的基本重點

隨身用品

04 **皮夾** ………… 074

05 **包包** ………… 076

MEMO：男性需要幾個包包？

工作用品

06 **文具** ………… 079

07 **電腦・電腦桌面** ………… 084

居家用品

08 電視・電視遊樂器・音響 090

09 紙・資料 092

10 報章雜誌 096
　　MEMO：善用電子報紙、電子雜誌

休閒用品

11 CD・DVD 102

12 興趣玩物 105

13 紀念品 108

14 菸酒 110

15 成人書籍・成人光碟 114

清潔用品

16 男性化妝品 116

17 保險套 118
　　MEMO：保險套的使用期限

鄉民誠懇問vs.大師神回覆

牢記四大整理步驟 ………… 024

決定用具固定位置的規範 ………… 044

最適合忙碌者的整理術 ………… 058

物品減量的規則 基礎篇 ………… 072

物品減量的規則 進階篇 ………… 082

整理電子信箱的規則 ………… 088

整理紙本郵件的方法 ………… 100

遵守地板零物品的居家原則 ………… 112

維持場所整潔的方式 ………… 122

附錄 找出你的邋遢基因 ………… 127

結語 ………… 132

CHAPTER 1 場所

冰箱
不只是保管食物的空間，而且還要能維持食物的新鮮度。

廚房
負責飲食和健康的場所，讓人脫胎換骨再出發。

浴室
只要一不留神就會充滿髒汙，讓人無法輕忽大意的場所。

書架
試著打造出能隨心所欲、隨手取得讀物的場所吧。

衣櫃
不只照顧你的外貌，也是讓生活變得更加輕鬆的場所。

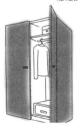

床鋪
床鋪的清潔就等於是「維持健康的鐵則」。

桌子
桌面環境代表著整個房間的縮影，同時也是所有整理工作的第一步。

01 桌子

重要度★★★★★
難易度★★★★
費時度★★

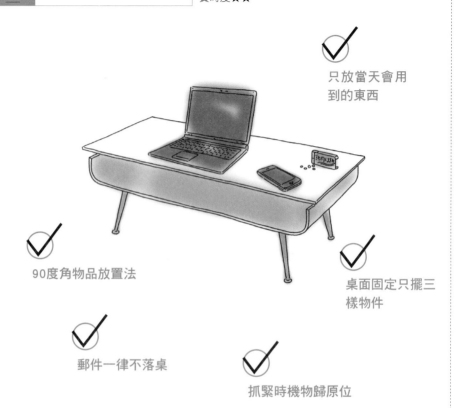

只放當天會用
到的東西

90度角物品放置法

桌面固定只擺三
樣物件

郵件一律不落桌

抓緊時機物歸原位

一日60秒生活好習慣

桌面是整個房間的縮影，
也是整理的第一步！

桌面的狀態就是整個房間的縮影。無論是工作、唸書用的桌子，還是用餐、日常活
動用的桌子，都會直接表現出屋主的性格。桌子是一個什麼都可以放置的方便工
具，但只要一不留神就會把應該回歸原位的東西堆放在桌上，一旦再也放不下東
西時，我們就會開始打地板的主意，使得地板上的雜物也越堆越多。若是能維持桌
面的整潔，就等於是踏出整理房間的第一步。請盡量將桌面視為神聖不可侵犯的領
域，以這裡的整潔為開端，養成隨時整理的習慣。

桌面固定只擺三樣物件

將桌面當成「工作的場所」而不是「放置物品的場所」。一般來說,平常沒事盡量不要使用到這個位置才是最理想的狀態。若真的必須使用到桌子時,桌面的物品數量也要控制在三個以內。重點在於「約束自己,別養成任何物品都往桌面堆放」的習慣。

三個物件的搭配可以是電腦+手機+香菸,或是文件+筆+飲料等等。盡量保持兩樣工作用品加一樣附加物品的組合。

只放當天會用到的東西

當你開始思考桌面擺放的物品時,請以「今天一定會用到的東西」為基準。由於平日和假日的活動並不相同,因此所需物品也會隨之不同。另外,最好也養成不把前一天用過的物品留在桌面上的習慣。

假日的桌面

雜誌　　　　　小說

平日的桌面

商管書　　鑰匙　　　報紙

無論是平日閱讀的報紙或假日閱讀的雜誌,都要「當天看過,當天收好」。

90度角物品放置法

一個看起來雜亂無章的桌面，肯定是散落著許多物品。不過當你試著讓物品與桌邊互相平行、與桌角呈90度角時，就會產生一種神奇的視覺效果，原本桌面上的雜亂感就會忽然消失無蹤。

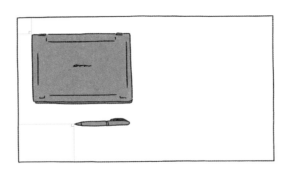

雖然只是單純修正物品的放置角度，卻能加深腦中「想更整潔」的概念。

郵件一律不落桌

郵件這種東西一旦落在桌子上，就會像植物生了根一樣，離也離不開。所以當你拿到郵件後，首先要做的就是丟棄不需要的郵件；隔天馬上會用到的文件則立刻放進包包裡；必須馬上處理的郵件就該當場整理。→詳細內容請參閱P.92

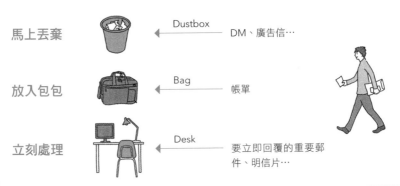

如果是附上處理日期的邀請函等信件，那麼最好把它記在筆記本上。另外，直接在玄關放一個垃圾桶，專門用來丟棄垃圾郵件也是很有效的方法。

抓緊時機物歸原位

若能確認好每個物品都有自己的歸處，那麼無論用過的杯子或沒看完的書，都不會成為整理房間的問題。物歸原位的時機，建議選擇「睡覺前」和「出門前」，盡量讓桌子保持沒有任何東西的狀態。

建議剛開始時，先從「睡覺前」這個時機著手，接著再逐步讓自己維持隨時收拾的習慣。

MEMO **桌面・生活・大腦的三角習題**

你是否曾經因為工作忙碌，而讓桌面上的東西堆積如山？是否曾經為了要整理這些物品，而浪費了許多時間？由於桌面的狀態會和生活產生因果關係，所以要是桌面「散亂擺放」著各式物品，就會影響大腦的運作效率，令人焦躁不安。因此，若覺得思緒混亂，那麼不妨先整理一下桌面上的物品。井然有序的桌面環境，自然就能讓生活步上軌道。

生活中的狀態
・忙碌 ・不輕鬆 ・時間緊迫
・混亂 ・趕鴨子上架

 互相影響

大腦內的狀態
・理不出頭緒 ・無法決定事物的優先順序
・馬上陷入混亂狀態 ・無法解決問題

桌面上的狀態
・東西堆到滿出來
・必要和不必要的東西混在一起

02 書架

重要度★★★★
難易度★★★★
費時度★★★★

 收書收到八分滿

 有些書籍要設定
好保存期限

 使用書店或圖書
館的分類方式

 篩選想留下來的書

將書背對齊書
架最前緣

掌握「看得到」和
「藏起來」原則

設置新書區

用小盆栽和相框
裝飾書架

 一日60秒生活好習慣

隨心所欲
取用想閱讀的書籍！

整理書架是每個人都會遇到的課題。一個時間管控不嚴謹的人，他的書架肯定總是
呈現塞到滿出來的狀態，或者任由書本胡亂堆放在地板上。雖然書架能顯示出使用
者的大腦狀態，不過缺點就是無法像人腦一樣，可以自動汰舊換新，如果不動手更
新書架上的資訊，就只能任由資訊不斷堆積。若是沒有清出新書的空間，就永遠不
能把新知識儲存到書架上。況且書架的面積較大，光是存在感就能左右房間的整體
美感。所以建議每個人都能打造出一個可兼具美觀與實用性的書架。

收書收到八分滿

不管如何整理書架，只要在下次買完新書時，發現自己一本書都收不進書架，就表示這個書架已經失去了功能。為了能隨時吸收嶄新的知識，最理想的方法就是預留兩成空間來放置新書。

加入新知識的
空間

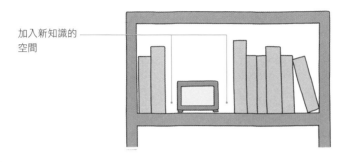

 Point

更換書架上的書本就等於更新自己的知識！請盡自己最大的力量，好好活用書架上的空間吧。

篩選想留下來的書

人們對書本的關心，會從剛購入書本的瞬間逐步往下掉。書本裡的資訊也會隨著時間而越發陳舊，所以建議大家有效率地汰換家中的書本。

要處理掉的書

1.可以重新購買的書或借來的書
2.資訊太落後…

選擇留下來的書

1.會想再三閱讀
2.工作、學習需要用到的資料
3.回憶、紀念…

 Point

如果發現自己身邊有購買超過半年還沒有開始閱讀的書籍，請務必在一週內決定是否還派得上用場，否則最好直接處理掉。

有些書籍要設定好保存期限

有一種屬於會「越堆越多」的書籍，這類書多半不會收放到書架上，所以如果無法立刻處理掉，就一定要設定好保存期限。如果你是個愛書人，更是要每個月處理一次這類書本。

賣掉		舊書店、拍賣
送人		朋友、圖書館
處理掉		資源回收

Point

若無論如何都無法立刻丟棄那些書，你也可以將這些書賣掉、送人或借人。

掌握「看得到」和「藏起來」原則

雖然將同一系列的書一口氣擺放出來，讓人有種數大便是美的爽快感，但這種作法其實反而會使人的思考陷入混亂，也會在需要其他書籍時產生不必要的麻煩。所以，書架上請規畫幾處把書本「藏起來」的區域吧。

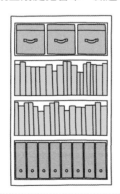

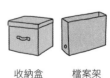

收納盒　　檔案架

Point

書架的最上方和最下方適合擺放閱讀頻率較低的書籍，若以收納工具輔助擺放，便能有效達到簡單清爽的視覺效果。

使用書店或圖書館的分類方式

書店式的分類法是以系列叢書、出版社來分類，主要著重於美觀。而圖書館式的
分類法則是以書籍的性質作分類，較能提高書架的使用機能。如果你是擁有大
批藏書的人，那麼最適合的是圖書館式分類法。不但可以照著自己的使用邏輯整
理，也能減少購入無謂的書籍。

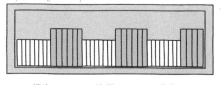

舊書　新書

 → 書店式

Point

重視美觀的書店式分類法，適合藏書量
不多、喜愛雜誌的人。

機車　　　旅行　　　藝術

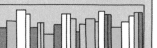 → 圖書館式

 Point

重視功能性的圖書館式分類法，適合將
閱讀視為生活中的一部分、將讀書當成
嗜好的人。

將書背對齊書架最前緣

書架上的書籍高矮長短參差不齊，將書背對齊書架最前緣，找起書來就會顯得容
易許多。家中書籍越來越多時，這樣的收納方式可以有助於找書效率。

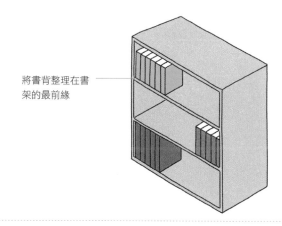

將書背整理在書
架的最前緣

 Point

書本擺不滿書架時，可以在書架上放置裝飾物品，當作書擋。

1

工作空間

0
1
9

設置新書區

當你不停把看完的新書放到書架上,就會在不知不覺間塞滿整個書架。建議設置新書區,以便日後想閱讀時,可以針對書籍資訊的新舊狀態來挑選適合的書籍。

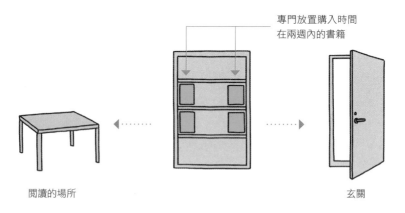

專門放置購入時間
在兩週內的書籍

閱讀的場所　　　　　　　　　　　　　　　　　　　　玄關

 Point

新書區適合設置在能立刻隨手取得的位置,或是離門口較近、桌子旁的位置等等。

用小盆栽和相框裝飾書架

即使能完全實踐收書收到八分滿的原則,但有些人還是會忍不住想用書本填補多出來的空間。在此建議各位跳脫書架只能放書本的觀念,把多出來的空間當作是一個額外的裝飾空間。多多利用,試著放上一些裝飾品,藉此為自己營造出悠閒自在的輕鬆氛圍。

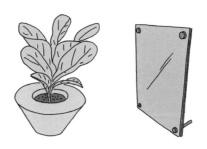

 Point

盆栽和相框不只可以增添環境上的美觀,也可以填補書架多出來的空間。

03 洗臉台

重要度★★★★
難易度★★★
費時度★★★

✓ 每種物品都只保
留一個備用品

✓ 營造方便收納物
品的狀態

✓ 避免在洗衣機裡
堆積衣物

✓ 善用摺疊式收納箱

一日60秒生活好習慣

切莫忽略容易顯露出
日常生活習慣的整理死角！

對許多單身在外居住的人來說，洗臉台除了是洗臉洗手的地方，也是打掃時經常無意間忽略的地方，但卻也是客人最常造訪的場所。

染髮劑、吹風機、牙膏等日常用品被使用者隨手亂放的光景，很容易讓人產生生活邋遢的印象。東西放置過久也會讓該部位變得更難清掃乾淨，進而成為不斷累積水垢的原因。由於我們每天使用洗臉台的程度相當頻繁，所以這部分的打掃重點就在於勤清理裡頭的髒汙，並隨時保持清潔。

營造方便收納物品的狀態

在洗臉台上使用的私人物品，基本上都該收在洗臉台的收納空間，讓台上的環境盡量維持淨空狀態。最理想的作法是每次使用完畢後，用乾淨的布把整個洗臉台稍微擦拭乾淨。

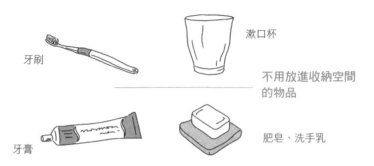

漱口杯

牙刷

不用放進收納空間的物品

牙膏

肥皂、洗手乳

洗臉台上請盡量只放置肥皂（洗手乳）、牙刷、漱口杯等各種每天一定會用到的物品。

每種物品都只保留一個備用品

整理重點是盥洗用品的庫存管理。如果盥洗用品多到沒有收納空間，就代表著庫存量過剩。貪小便宜購買囤積的盥洗用品，會耗費不必要的收納空間，所以建議洗衣用品和洗髮精類只在用完後補充。

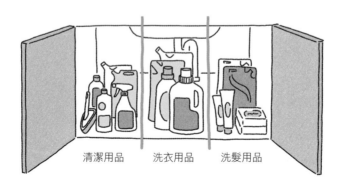

清潔用品　　洗衣用品　　洗髮用品

盡量將備用品固定放置在各自的位置，以便快速確認庫存量。

避免在洗衣機裡堆積衣物

很多單身獨居的人經常因為盥洗空間狹小而順手將穿過的衣物丟進洗衣機裡。這種作法，乍看之下似乎相當方便，但滿是汗漬的衣服正是洗衣機發霉的原因之一，所以就算覺得麻煩也要為髒衣服設置一個保管處。

Point

即使是每天都會勤快洗衣服的人也要格外注意，千萬別把洗衣機當成收納髒衣服的場所。

善用摺疊式收納箱

摺疊式收納箱的好處就在於不使用時能暫時收起來，達到節省空間的目的。如果使用較大的收納箱，也必須多注意裡頭的衣服是不是不知不覺間越堆越多。

洗衣後　　　　　　　　　洗衣前

Point

收納箱的容量建議為剛好能容納一批待清洗衣物為佳。

牢記四大整理步驟

1 — 取出

如果你已經確定好自己要整理的場所或物品,那麼首先就要把所有東西拿出來放在地板、桌上,因為若是所有東西都還放在原位,那麼整理時就常會因為受到干擾而打亂了整理的腳步,進而成為半途而廢的藉口。也因此在這個階段,先別急著判斷哪些東西該不該丟,總之就先集中注意力,把所有物品拿出來。整理時,也許還會不斷發現各種沒必要的物品。例如:不知為何幾乎沒有用到的東西,或是早就忘了自己當初為何會帶回家的東西(因為過度消費而囤積的物品)等等。所以這個步驟不只能增加整理效率,還可以自我反省,讓自己接收到不要再隨便浪費錢買東西的訊息。

Point

在「取出」這個步驟上,請盡可能專心在目標場所或物品上。

2 — 分類

接著就是把取出來的東西分成「可以留用」和「無須留用」兩種。這個步驟的重點就是必須明確訂下分類標準。如果此時的標準曖昧不明,最後肯定會拖累到分類效率。其中較危險的標準就是「也許還用得到」,因為這種標準會讓許多不是消耗品的東西都成了「可以留用」的東西。對於這類物品,推薦的分類標準是「可轉送其他人使用」。另外,雖然有些物品會令你回想起當初的購入動機,但這時請不要被過去的價值觀套牢,以當下的價值觀為標準,再三檢討該物品是否還有留下來的必要。

Point

請積極地把能在網路上找到或是能在二手用品店購得的物品清理出去。

問 整理房間千頭萬緒，實在不知從何整理起，請問大師有沒有好懂易記的整理概念可以讓我們參考？

整理就跟運動一樣，也有所謂的基本動作。而整理的基本動作就是「取出」、「分類」、「減量」、「歸位」四大步驟。無論是任何地方或物品，這四大步驟都能在任何場合加以運用。請將這四大步驟牢牢地記在心中，如此一來整理工作就能進行得很順利。答

3
—
減量

在「分類」這個篩選步驟結束後，接下來就要把「無須留用」的物品清理掉。篩選出的物品有三種減量方式。第一種是直接「丟棄」，如果你想要立刻脫胎換骨，讓自己的生活變得更輕鬆，也明確認為自己必須丟掉大量物品，那麼丟棄就是最合適的方法。第二種則是「轉送」，尤其是CD、玩具模型等，當你將這些物品送給興趣相同的親朋好友，通常都會讓他們非常高興。第三種是「出售」，如果是有價值的物品，建議可以拿到專門收中古商品的二手店或是網路拍賣上出售。請多嘗試各種方法，減少自己房間的物品數量。

Point

雖然在跳蚤市場擺放攤位頗費心力，不過最大的成果就是幫自己處理掉不少無意留下來的東西。

4
—
歸位

最後，我們開始把「可以留用」的東西放回定位吧。此時，要把原本放在最裡面的物品拿出來，放在較新物品的前面。為了不讓自己忘了後方被擋住的物品，也要盡量提高該物品的「可見度」。最建議的有效方法就是用筆記本記下所有收納物品的清單，並在收納箱上貼上標籤。另外，在做完物品減量的工作後，千萬別因為清出了空間，就想立刻拿別的東西填滿剛淨空的位置。因為空出來的位置是要留給未來「有必要」增添上去的物品，所以平時保持淨空才是明智的選擇。

Point

這個步驟，不要先考量使用上的便利性、美觀度，而是先全部物歸原位吧。

04 浴室

重要度★★★★
難易度★★★★
費時度★★★

固定清潔用品的
放置位置

善用浴缸上蓋

一日60秒生活好習慣

每日清潔身體的重要場所，
保持乾淨是重要原則！

浴室的清理就跟廁所、廚房一樣，是很多人困擾的弱點。當你在浴室擺放多餘的洗髮精等物品，就會營造出一個瓶瓶罐罐堆積散亂的環境。只要有一點偷懶、不想清洗的想法，水垢就會越積越多。有些人也有可能會為了方便打掃而預先擺放一塊海綿，結果卻是讓接觸面發了霉。因此，想要打掃浴室必須留意兩大重點，一是物品減量，二是避免使浴室濕氣過重。當然，定期以鬃刷等清潔工具打掃也是不可或缺的動作。

固定清潔用品的放置位置

浴室裡的物品如果放任不管，就會開始越堆越多。洗髮精等用品在使用完後必須立刻放回收納架上。清掃工具在使用後要記得用水沖乾淨，並且盡量不要在洗澡的場所清洗。建議在洗臉台清洗工具，並且擺放整齊。

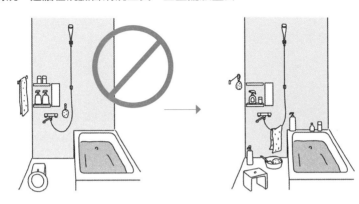

洗髮精類的各種用品盡量將數量上限設定為「一瓶」。

善用浴缸上蓋

雖然浴缸每天都會放進熱水，較難產生汙垢，但在浴缸裡儲水時，若是沒有蓋妥浴缸上蓋，便很容易使天花板發霉。建議在覆上上蓋前可以稍微讓水蒸氣散開，泡完澡後可以往浴缸內加些冷水，抑制浴室內的水蒸氣不斷蒸騰。

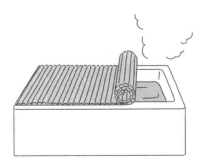

保持「空氣流通」、「蓋上上蓋」、「加入冷水」這三個習慣，便可減少額外的清掃動作。

05 廁所

重要度★★★★
難易度★★★
費時度★★

備用品要用袋子
收妥

養成使用完立即
清潔的習慣

先養成「不弄
髒」的習慣

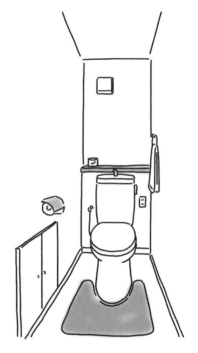

使用後立即蓋
上馬桶蓋

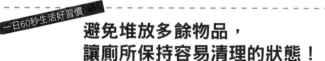
一日60秒生活好習慣

避免堆放多餘物品，
讓廁所保持容易清理的狀態！

雖然廁所並不是要時時費工夫徹底清掃的場所，但要是放著不管，就會由內而外產生一種使用者很懶散的氛圍。還有些獨居的人喜歡在廁所內放些書本、裝飾品，但這麼做其實只會妨礙自己在原本已很狹小的空間中的打掃工作。請避免將書架、五斗櫃等不適合廁所的物品放進去。建議喜歡在上廁所時看書的人，只需隨身帶一本書即可。總之，不把多餘的東西放到廁所內，就是讓人可以簡易快速清掃廁所的關鍵。

使用後立即蓋上馬桶蓋

「用完後隨手關起來」的習慣不只要用在廁所的門上,也要用在馬桶蓋上。美國有一項調查顯示,97%的富翁都有如廁後立即蓋上馬桶蓋的習慣。生活上只要時時保有將物品回歸原位的行為,就能自然改善生活。

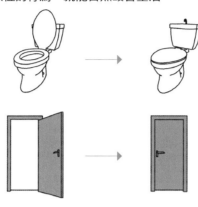

Point

「用完後隨手關起來」的習慣是改善生活的第一步。

備用品要用袋子收妥

破爛的捲筒衛生紙很容易令人聯想到屋主的生活態度。因此,建議將備用衛生紙以塑膠袋包好,隨時放在廁所的架子上,不但空間顯得較為簡潔,也方便替換。

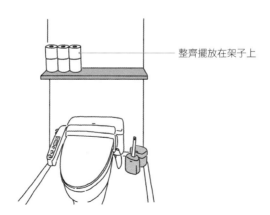

整齊擺放在架子上

Point

備用品放太多反而會造成清掃上的不便,建議放一組捲筒衛生紙即可。

養成使用完立即清潔的習慣

與其因為懶得「每週清掃一遍」而遲遲不願意動手,「使用完花數秒隨手清潔」
的動作反而更加容易。如廁後,如果不介意再用衛生紙稍微擦拭馬桶表面,自然
是再好也不過了。

1 進廁所

2 上廁所

3 稍微擦拭

4 沖水

也可以在廁所一角放清潔用品或馬桶刷等。

先養成「不弄髒」的習慣

男性使用西式馬桶如廁時,建議學習公共廁所裡的標語,養成「往前多站一步」
的習慣,這麼做不但能盡量防止馬桶上沾染髒汙,也能省下清潔馬桶的力氣。

往前多
站一步
!

由於將廁所弄髒會造成清潔上的麻煩,因此「不隨便弄髒」是必須養成的好習慣。

06 床鋪

重要度★★★
難易度★★★
費時度★★

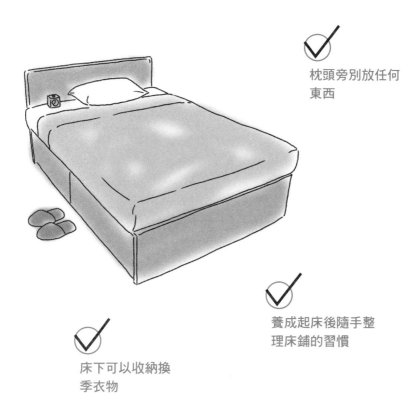

枕頭旁別放任何
東西

養成起床後隨手整
理床鋪的習慣

床下可以收納換
季衣物

一日60秒生活好習慣

床鋪的清潔正是
「身體健康」的鐵則！

人類的睡眠時間大約占了一天的三分之一，也占了人生的三分之一。然而在整理房間時，你會發現自己居然不怎麼在意床鋪的整潔。為了讓自己可以健康度過每一天，首先你要做的就是整理出一個可以安心睡眠的環境。尤其最應該注意的就是床鋪周遭的清潔。想要不讓床鋪的環境滿是四處飛舞的塵埃，最有效的方法就是盡量不要把東西放在床鋪周圍。總之，床鋪的整潔就是「身體健康」的鐵則，因此請盡力保持床鋪周遭環境的整潔。

枕頭旁別放任何東西

在枕頭旁放一堆書、床鋪側邊放電視機，不只會成為堆積灰塵的空間，還會妨礙睡前的平靜心情，進而導致失眠。總之，請各位先一點一點地把自己床鋪周遭不必要的物品清理乾淨吧。

喝過的飲料

吃過的零食

散亂的枕頭和毛毯

沒看完的雜誌

 Point

習慣睡前在被窩裡看書的人，請只以一本為限。

床下可以收納換季衣物

雖然床鋪不一定附有可供放置物品的抽屜。不過床下確實是一個絕佳的收納空間。只是，頻繁開關抽屜、拿取衣物會使灰塵四處飛揚，所以建議這個空間放入換季用的衣物即可。

 Point

也可以將滑雪用具等季節性遊樂器材收進床下。

養成起床後隨手整理床鋪的習慣

無論是西式床鋪或日式通鋪，如果平常總是疏於整理，便會使床鋪長時間呈現出散亂狀態。因此一起床，請立即花一點時間整理好枕頭和棉被。

雖然只是一個每天進行的小動作，卻能提高維持環境整潔的意識。

> **MEMO**　**床單、枕頭套與人體的親密關係**
>
> 關於床單和枕頭套的清洗，雖然不像衣服或毛巾，必須時常清潔，但床單和枕頭套畢竟是每天使用並且與人體親密接觸的用品。一般來說，愛好乾淨的人和怕麻煩的人，清洗這些東西的頻率有著極大的落差。根據調查顯示，獨居者清洗床單的頻率中，「一個月不滿一次」者占全體的40%。
>
> 這是因為床單的面積較大，清洗上顯得麻煩，才會讓許多人不怎麼喜歡動手清洗。但為了環境整潔和身體健康，還是希望至少每兩週進行一次全面整理。

07 衣櫃

重要度★★★★
難易度★★★
費時度★★★★

收納收到八分滿

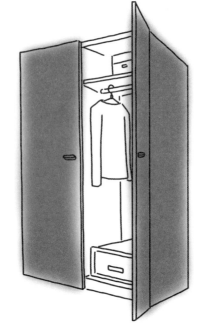

善用收納箱活
用空間規畫

物品收納位置視
使用頻率而定

活用半透明收納箱

一日60秒生活好習慣

衣櫃不只能保管衣物，
也能讓生活變得更輕鬆自在！

由於衣櫃本身有門板的設計，關上後常會成為忘記整理的場所。很多使用者會認為
「先把東西塞進去再說」，然而這種輕忽的心態會讓衣櫃裡的東西越塞越多。所以
衣櫃這個收納場所，最容易形成「丟進去→往裡塞→藏起來→忘記了」的惡性循
環。反觀那些生活上行有餘力的人，總會盡量讓衣櫃保持有餘裕的空間。這麼做就
是要一打開衣櫃，就能立刻找到自己想穿的衣服，進而使生活繼續保持遊刃有餘的
輕鬆步調。

收納收到八分滿

為了確保能一眼就看遍所有衣物，衣櫃內物品數量只能占全體空間的八分滿以內。基本上，不想放進衣櫃的衣服就該馬上處理掉。此外，把衣櫃塞到滿出來，不只會讓衣服充滿皺摺，也會成為發霉的原因。

衣物保持適當間隙

訣竅就是不要企圖一口氣整理好整個衣櫃，而是每次針對部分範圍慢慢分批整理。

物品收納位置視使用頻率而定

放置衣物以外的物品時，也要將使用頻率高者放到隨手可及之處，而不常用的物品則是放到裡面一點的位置。如果衣櫃有上下層之分，也一樣把常常會用到的東西放到容易拿取的上層。

衣櫃

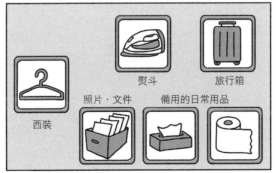

西裝　　照片・文件　　熨斗　　備用的日常用品　　旅行箱

想要處理掉較占空間的旅行箱時，建議可考慮利用旅行箱的短期租借服務。

善用收納箱活用空間規畫

房間內只設有壁櫥，看似難以收納衣物，但只要使用伸縮桿或掛衣架，就能隔出簡易的收納空間。所需費用不多，所以可以視空間的狀況來加以規畫。

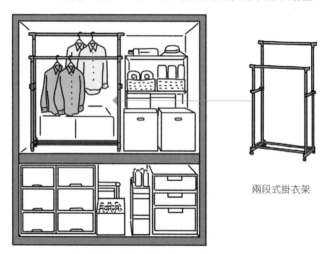

兩段式掛衣架

掛衣架是很方便的工具，兩段式掛衣架或複數個掛衣架，就能變成區分季節衣物的法寶。

活用半透明收納箱

如果希望能看見收納好的衣物，同時還能兼具空間上的美觀，建議到無印良品或IKEA等家飾店購入幾個大小相同的半透明塑膠箱。只要貼上標籤就可以分類各種物品。

將個人物品收到半透明塑膠箱中，就可以使收納櫃或衣櫃一目瞭然。

08 五斗櫃

重要度★★★
難易度★★
費時度★★★

最高的位置就是
VIP席

收納收到八分滿

營造可俯角檢視內
容物的狀態

減少T恤的體積

一日60秒生活好習慣

總是游刃有餘的人
會讓五斗櫃保留備用收納空間！

五斗櫃和衣櫃有異曲同工之妙。一個生活上始終忙碌不堪的人，通常也會是無法掌握五斗櫃內物品的人。買回來穿沒幾次的衣物會馬上出現傷痕，很久沒穿的衣物也會出現無法撫平的摺痕。所以為了能讓自己保持每隔一季就整理衣櫃的習慣，必須在生活型態上作長期性改變。只要能消除五斗櫃太過飽和的狀態，就能讓自己擁有輕鬆又自在的生活。

收納收到八分滿

五斗櫃裡平時要預留兩成左右的空間，能將新買的衣物直接放進去是最理想的狀態。考量已清洗未收納的衣物，每一層都留下最前方的空間也是不錯的作法。

前排空出20%的
收納空間。

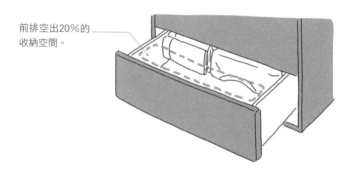

 Point

將前排空間空出來，每天就能輕鬆取用衣物。

最高的位置就是 VIP 席

如果五斗櫃有四層，那麼適合擺放物品的順位如圖中的1～4。請以使用頻率為優先考量，由高而低將物品一一放入1～4的位置裡。

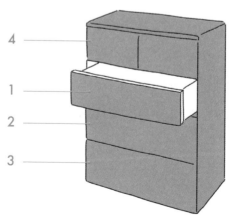

4

1

2

3

 Point

一般人站立時能自然隨手取物的部分就是抽屜1了。

營造可俯角檢視內容物的狀態

只要一打開櫃子抽屜就能一眼看遍所有物品的配置，可以大幅增加五斗櫃的使用機能。使用五斗櫃時，不要只是把衣服層層堆進去，請將物品直立擺放在最外面與最裡面，或者是左右兩側。

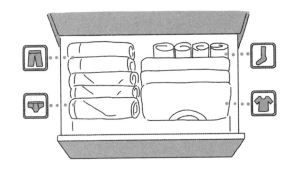

Point

將五斗櫃整理成只要一打開就能取物的狀態後，你就會開始發現自己找衣物的時間大幅縮短。

減少 T 恤的體積

T恤太多時，上下重疊的收納方式會變得很難找到下方的衣物。所以請避免將五斗櫃當成服飾店的櫃子，試著用唱片行放置CD的收納方式，如此一來，只要稍微一看就能立即看遍所有衣服。

唱片行式的T恤摺疊法

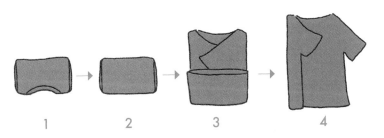

Point

當你學會將物品直放的收納方法後，要從眾多T恤找出想穿的衣服就會變得輕而易舉。

09 冰箱

重要度★★★★
難易度★★★
費時度★★

冰箱門架上的食
品要清楚易取

收納收到八分滿

減少冰箱上的
紙條和磁鐵

決定食品的「指
定席」

確實管理食
用期限

一日60秒生活好習慣

冰箱是
保持食物鮮度的場所！

無論是任由蔬菜放在冰箱中變乾、放任乳製品超過保存期限，或是早就預料到調味料可能已經結成一塊，卻又懶得打開冰箱確認……這一切對獨自生活的人來說，也許都不陌生吧？但希望各位理解的是，冰箱就是為了維持食物的鮮度，而不是只是當作食物保管工具。如果只是存放食物卻不食用，那便表示也沒有必要放進冰箱裡冷藏，而這些沒必要冷藏的食材也表示根本不會拿來煮食。當然，這也表示平常自己幾乎不會下廚。所以當你整理好冰箱後，就能開啟充實飲食生活的可能性。

收納收到八分滿

冰箱裡放滿食品不但有礙保冷，而且還會消耗電力。相反地，若是能維持多餘的空間，就能輕易掌握食品的庫存狀況。當然，也不再需要更大容量的冰箱。

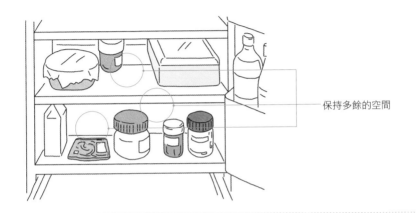

保持多餘的空間

雖然冰箱的燈光是用來照明食物，但只要裡頭的燈光變暗就代表冰箱的空間塞得太滿。

決定食品的「指定席」

整理的重點就是活用冰箱空間的容量。例如：食用期限還有很長一段時間的食物就放裡面一點，而快到期的食物則放前面一點，並且盡快吃完。此外，把每天會吃的食物放到最前排是最基本的概念。在決定食物的位置時，要確認食用期限再下決定。

快過期的食品擺在隨手可及的位置

瓶罐類的食品要按照種類收納

放在較裡面的食品可以用冰箱內的盒子、托盤、抽屜取出。

冰箱門架上的食品要清楚易取

將食品放置在門架上的明顯處，就能輕鬆取用。相反地，如果門架上塞滿材料，不但無法掌握食品庫存，日後也容易重複購買還未用完的調味料。

盡量讓自己養成將調味料、飲料放在門架上的習慣。

減少冰箱上的紙條和磁鐵

冰箱的存在相當顯眼，所以很容易被貼上紙條和磁鐵。雖然也有人習慣貼上食品的庫存明細，不過還是請注意別越貼越多，只要食品一過期就該馬上處理掉。

過期的明細、收據盡量處理掉

備忘訊息盡可能精簡

注意貼紙殘留的汙垢

請定期丟掉過期的明細表和備忘。貼紙產生的汙垢意外地顯眼，所以使用上也要格外注意。

確實管理食用期限

購買食品時，隨時根據食用期限來做好飲食規畫。例如：「今晚的晚餐可以拿眼前的這份豬肉料理成一盤炒肉絲，下週還能把沒用完的分量加進濃湯裡」。總之，請盡可能養成根據日期和目的來購買食材的習慣。

可以長期保存的食材
調味料…

必須盡早使用的食材
根莖類、奶油、起司…

可以馬上使用的食材
肉類、魚類、蔬菜、雞蛋、牛奶…

MEMO **台灣廚餘分類建議方式**

一般家庭於飲食過程所產生之有機廢棄物，例如：水果皮、菜葉、過期之食物、茶葉渣、咖啡渣等等，皆可稱之為廚餘。目前廚餘再利用方式主要為養豬及堆肥，所以廚餘之分類也應以這兩種再利用方式為依據。由於廚餘所包含之種類繁多，無法一一列舉，台灣環保署謹提供較常見之廚餘類別，作成以下之分類表供各縣市參考，各縣市亦可依個別地區之實際需要作增修。

堆肥、養豬 皆合適者	蔬菜類	葉菜、蔬果等
	米食類	白飯、麵食等製品
	過期包裝食品	餅乾、糖果、麵包等
	食品下腳料	豆渣、酒糟等
較適合堆肥之廚餘 （不適合養豬者）	果皮類	粽葉、筍殼、果皮及果核等
	殘渣類	蔗渣、茶渣、咖啡渣、中藥渣
	園藝類	花材、樹葉、樹枝、草本植物、根
	硬殼類	蛋殼、貝、蟹、蝦殼及動物骨頭
	堅果類	植物的種子、果核
	酸臭熟廚餘	未煮熟肉品、動物內臟，或無法分類有機物
較適合養豬之廚餘 （不適合堆肥者）	魚肉類	煮熟之雞、鴨、魚、肉等
	調味類	果醬、果汁、濃湯等

各國的垃圾處理法規各不相同，台灣請參照行政院環境保護署網站：http://www.epa.gov.tw/mp.asp?mp=epa

決定用具固定位置的規範

「什麼地方」經常使用該用具？

如果東西收納的位置離需要使用的場所太遠，不但要花力氣走來走去，而且還會浪費時間和精神去找出來，因此最基本的就是要「將物品放到接近使用場所之處」。

東西的「使用頻率」為何？

既然有每天都會用好幾次的物品，當然也就會有幾個月才用一次的東西。所以請將使用頻率高的物品放到隨手可得的明顯位置，至於使用頻率低的物品則放到一個不會礙事的固定位置好好保管即可。

問 我是個經常整理環境的人，但總覺得一下子就弄亂了，老是找不到想用的東西。是哪個部分出錯呢？

答 房間會變得亂七八糟的原因之一就是各種東西胡亂堆放。在這裡，請各位按照提示重點來認真規畫物品的固定位置，養成一用完物品就立刻放回原位的習慣。雖然物歸原位可能會多花你60秒的時間，不過也好過花上好幾個小時將到處亂堆的東西整理乾淨。

Point

3

使用後能不能隨手放回原位？

即使已經決定好物品收好的固定位置，要是覺得用完後放回去是件麻煩事，那麼無論做過什麼前置作業，都沒有任何意義。若會搞不清楚物品的固定位置，那麼請再三確認自己的行動模式，讓自己在百忙中也能將物品輕鬆歸位。

固定位置的範例

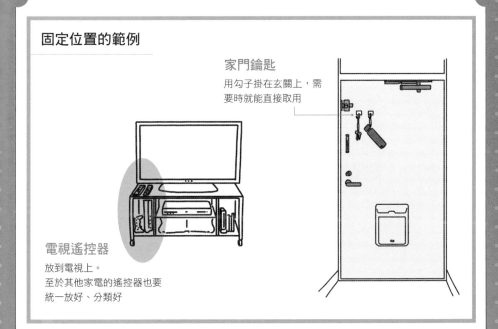

家門鑰匙
用勾子掛在玄關上，需要時就能直接取用

電視遙控器
放到電視上。
至於其他家電的遙控器也要
統一放好、分類好

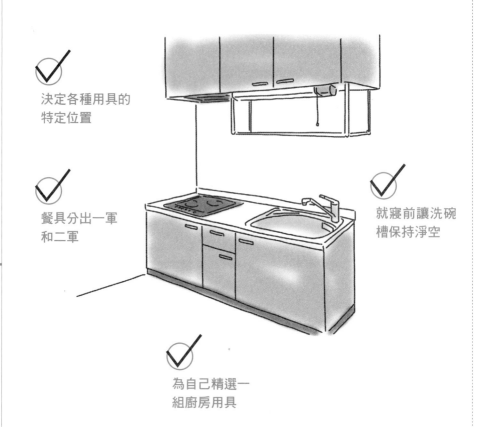

決定各種用具的
特定位置

餐具分出一軍
和二軍

就寢前讓洗碗
槽保持淨空

為自己精選一
組廚房用具

一日60秒生活好習慣

讓生活和身體
重獲新生的場所！

廚房環境會傳達出你平常的飲食生活風格。若是能加以清理整頓，就有機會烹調出
自然又營養的餐點，同時也能讓自身的健康獲得良好的保養。相反地，連自己也不
愛接近的髒亂廚房，便會增加外食的機會。由於廚房還會收納餐具、烹調用具以及
罐頭等封存食品，所以比冰箱更容易混亂。雖說現代人自炊的機會已經越來越少，
但為了自己的飲食生活著想，還是請各位盡力改善廚房的環境。

決定各種用具的特定位置

一般來說，廚房裡的櫥櫃都是根據「餐具應該放置場所」的邏輯打造而成，所以餐具類要放到洗碗槽上方，圓缽、菜刀、杓子、平底鍋則是靠在牆壁旁。任何用具只要一使用完畢就該物歸原位。

無論是隔熱手套放在牆壁旁、開罐器放進收納抽屜，放置任何用品都要考慮到在廚房中的使用動線。

餐具分出一軍和二軍

門型櫥櫃較難看清裡面所放的物品，因此宜在考量使用頻率後，把常用的餐具放到最外面，不常用的餐具則盡量擺到裡面。當然，可按照自己的喜好決定擺放位置。至於完全沒用過的則是建議盡早處理掉。

櫥櫃上層和最裡面專門放用不到的
餐具、客用餐具…（二軍）

櫥櫃下層和最外面專門
放最近一個月內常常用
到的餐具（一軍）

餐具歸位時，可以順手擦一下櫥櫃上的髒汙，減少日後打掃上的時間。

就寢前讓洗碗槽保持淨空

此技巧的關鍵就在於將清理洗碗槽的動作流程化。清洗好餐具後，隔天請盡可能暫時不使用洗過的餐具。另外，一定要跟自己約法三章，規定自己「把餐具拿過去放後就立刻清洗」或「用餐30分鐘以內清洗」。

洗過的餐具

未使用的橡膠手套

昨天使用過的餐具

放置廚餘的三角盒

Point

與其用三角盒放置廚餘，用餐後直接將廚餘分類再丟到廚餘桶會更簡單！

為自己精選一組廚房用具

雖然很多便宜商店可以買到許多便宜的廚房用具，但太過依賴便宜商店只會在不知不覺間讓廚具數量一發不可收拾。因此，為自己挑選品質精良並且可以長期使用的廚具才是最聰明的方法。

Point

使用高品質廚具的人多半能獲得異性的青睞。

11 玄關

重要度★★★★★
難易度★★★★
費時度★★★★

鞋櫃裡騰出兩雙
鞋的空位

鞋櫃上只擺一樣
物品

活用玄關上的大
門門板

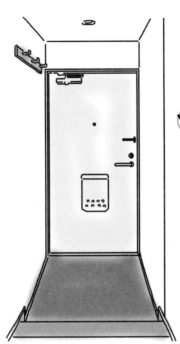

隨時注意玄關的
氣味

不要放太多雨傘

保持入港和出港
的習慣

空地平時只放一
雙鞋子

一日60秒生活好習慣

玄關有著振作精神、消除疲勞的
不可思議作用！

由於玄關只是通往室內的一個空間，因此大多數人多半不是很重視這個區域，然而
玄關卻是第一個迎接自己從外歸來的場所，只要能維持整潔，就能在回家後大幅改
善工作上的疲勞。此外，玄關同時也是訪客對屋內環境的第一印象，所以鞋子和雨
傘四處亂放，當然會帶給客人不好的觀感。由於這個場所容易表現出人們整頓狹小
空間的成果，所以請各位從動手整理放在玄關的鞋子開始吧。

空地平時只放一雙鞋子

在玄關的空地上，常會不知不覺堆積許多鞋子。最理想的辦法，就是平時只留一雙當天會穿的鞋子，至於不會穿的則全部都收到鞋櫃內。若是隔天想換一雙鞋穿，就在回家時預先把想穿的拿出來放，確保輕鬆自在的生活感。

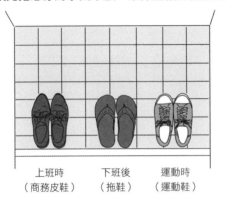

上班時　　　　下班後　　　　運動時
（商務皮鞋）　（拖鞋）　　　（運動鞋）

平時放在玄關的鞋子，可以隨時替換成工作時或日常生活時的鞋子。

保持入港和出港的習慣

日本有用「入港、出港」將鞋子比喻成船隻的俏皮話，意思是客人走進屋內時，要將鞋尖向外擺放，以便維持要離開時直接穿鞋出門的狀態。即使在自己家，也要像拜訪別人家一樣排好鞋子。

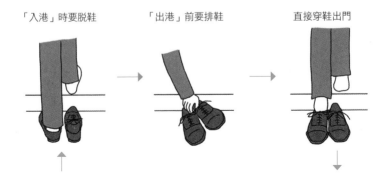

「入港」時要脫鞋　　　　「出港」前要排鞋　　　　直接穿鞋出門

「出港」就是準備好隨時出門的行動，請隨時用這種心情走出屋外。

隨時注意玄關的氣味

相信每個人對於他人家中的氣味都很敏感，但對於自己家中的氣味就不是這麼一回事了，即使自己多少也會意識到這一點，大多數人多半過不了幾天就會習慣家中的那股味道。尤其是鞋櫃，最容易囤積異味。因此希望各位們也能在整理鞋櫃時，多注意一下除臭的動作。

可防霉、除臭的
備長炭

香氛塊和芳香劑

放入四、五枚1元硬幣

Point

1元或50元硬幣上的銅元素，有著抑制細菌滋生的功用！

活用玄關上的大門門板

有些單人套房的空間較為狹小，因此玄關只要放上一點東西，就會讓人覺得很有壓迫感。因此當你打算在玄關擺一座傘架前，不妨先想想該如何活用玄關裡的門板。例如：吸鐵式吊鉤。只要靠一些小工具也能產生極大的功效。

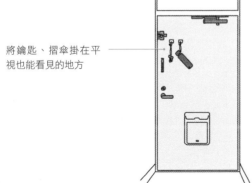

將鑰匙、摺傘掛在平
視也能看見的地方

可選擇自己喜愛的
吸鐵式吊鉤

Point

規畫鑰匙和摺傘的放置位置，可以達到節省空間的效果。

鞋櫃上只擺一樣物品

由於玄關位於出入的動線上，所以在領到郵件或收下他人的禮物時，常會讓人產生「暫時先放在鞋櫃上好了」的想法，不過奉勸各位千萬別任憑這種觀念繼續留存下去。請遵守「鞋櫃上只擺一樣物品」的規則，盡力做到物品減量。

四處散亂的小東西

隨手擱置的郵件

越掛越多的雨傘

當你要收取包裹時，可以直接向快遞員借筆簽收，如此一來就不需要在玄關裡放筆備用了。

鞋櫃裡騰出兩雙鞋的空位

如果鞋櫃沒有多餘的空間，不但無法將新鞋收納進去，而且只要時間一久，玄關的空地就會堆滿鞋子。總之，請不要讓鞋櫃充滿了已經沒有在穿的鞋子，盡量保持多餘空間收納客人的鞋子。

留出能收納兩雙鞋子的空間

請放棄將所有的鞋子收進鞋櫃的想法（詳細內容請參閱P.69）

不要放太多雨傘

玄關最煞風景的景象之一就是堆積如山的雨傘,所以最好能立刻動手處理掉沒有使用的雨傘。請積極確認天氣預報或是隨身攜帶摺傘,不要將多餘的錢浪費在雨傘上。只要能確實減少雨傘的數量,就能為玄關的外觀印象加分不少。

Point

雨傘的數量容易成為被忽視的盲點,因此建議大家多多使用摺傘。

○ MEMO **保管和保存的差別**

在整理屋內環境時,明確區分「保管」和「保存」的意義是很重要的觀念。

所謂的保管就是將使用頻繁的物品暫時先收起來,等到需要時立刻拿出來使用。至於保存則是將平時不常使用,亦即使用的急迫性較低,但有其重要性的物品收進倉庫裡。

希望各位在收納時,能隨時留意這兩種觀念,千萬別把會經常使用的物品保存起來不用。當然,平時幾乎沒有使用的物品也別當成應該保管的東西。只要能將這兩種觀念銘記在心,收納時就能夠無往不利。

12 沙發

重要度★★★★
難易度★★★★
費時度★★

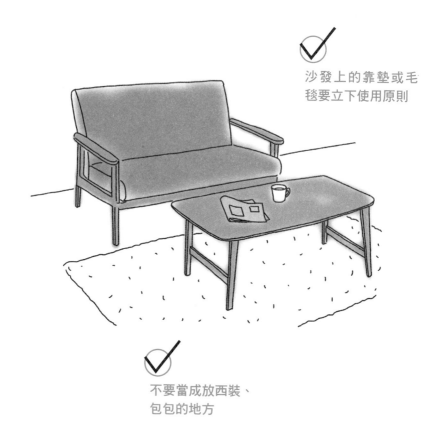

沙發上的靠墊或毛毯要立下使用原則

不要當成放西裝、包包的地方

一日60秒生活好習慣

沙發是屋內的動線中心，
整理起居空間時請以這裡為優先！

洗完的衣物、脫掉的外套、工作用的公事包……很多單身獨居者的家中沙發經常會堆放各種東西。有時甚至還會變成家中第二種掛衣架，讓人無法坐下來休息，是因為屋主的許多行為都會經過沙發周圍所造成的。換句話說，沙發位於屋主的活動路線上。舉例來說，若是沙發上常常會放著洗好的衣物，那就代表這個沙發放置在陽台附近。因此，在沙發上面堆放許多東西之前，要先瞭解屋內的動線再開始規畫環境配置。

不要當成放西裝、包包的地方

如果不方便在屋內隨時移動沙發，就盡量不要用「隨性」的邏輯來使用沙發。習慣把洗過的衣物放在沙發上的人，最有效的辦法就是在陽台邊放置專門收衣物的籃子。

返家後從玄關走至沙發的動線

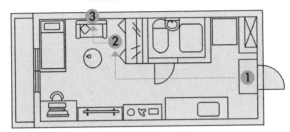

Point

玄關附近放置掛衣架，便可養成把上衣掛起來的習慣。

沙發上的靠墊或毛毯要立下使用原則

對於常在無意識間將東西堆放在沙發上的人，最有效的方式就是對自己訂下「不放××以外物品」的規則。也可以隨時注意這部分的美觀與視覺舒適度。此外，還要避免自己在不知不覺間把沙發當成睡覺的場所。

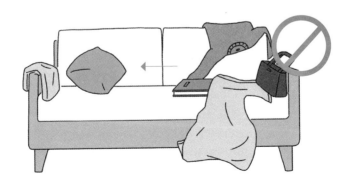

Point

靠墊和毛毯雖然不是平時必備物品，但在有訪客臨時過夜的時候卻能產生不小的實用價值。

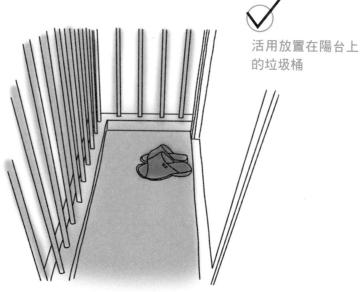

活用放置在陽台上
的垃圾桶

決定好物品的
固定位置

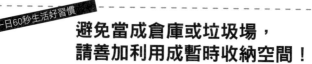

一日60秒生活好習慣

避免當成倉庫或垃圾場，
請善加利用成暫時收納空間！

在許多案例中，有些不想留在屋內的東西常常被堆放在陽台上，使得陽台成為放置
多餘物品的倉庫。尤其是獨自居住的人，特別容易讓陽台成為囤積垃圾的場所。此
外，習慣將濕抹布、準備丟掉的紙箱、空罐、空瓶放在一起的人絕對要格外注意。
樓層較低住家的陽台很容易被附近鄰居一眼望盡，所以請隨時注意陽台上的景觀。

活用放置在陽台上的垃圾桶

雖然將陽台當成暫時性垃圾場、資源回收放置處也無妨，但直接在陽台堆垃圾袋只會有礙觀瞻，因此建議使用垃圾桶來限制陽台上的垃圾量。

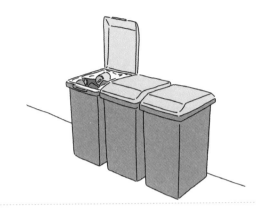

在垃圾桶上貼好資源回收的日期，就能方便自己記住資源回收日。另外，在確定過大型垃圾的回收日期後，最好能用隨身筆記本記下來。

決定好物品的固定位置

陽台和屋內一樣，只要可以決定好物品的固定放置位置，就不會讓整個環境充滿散亂的東西。一般來說，建議涼鞋放在門前，而洗衣夾、曬衣架用完後就要各自放回原位。

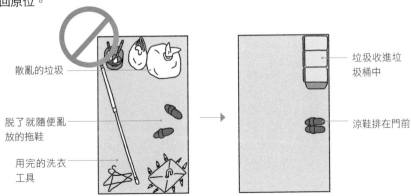

散亂的垃圾

脫了就隨便亂放的拖鞋

用完的洗衣工具

垃圾收進垃圾桶中

涼鞋排在門前

在收衣物時還能順便把衣架拿進室內收納，真可說是一舉兩得的聰明方法。

最適合忙碌者的整理術

從每次花15分鐘整理環境做起

忙碌不堪時，即使想整理房間卻還是會將東西擱置好幾天，而且每次都會想著等等就開始整理，但到最後卻總是事與願違。直到必須要一次整理完所有環境，才會發現作業量已經大到超過自己的負荷範圍。

雖然整理自家生活環境是天經地義的事，但亂七八糟的空間已經到了無從整理起的地步。而這樣不知如何下手的後果，就是讓屋內環境持續變髒亂，陷入無法整理整頓惡性循環的最主要因素。這麼一來，生活也無法保持輕鬆的態度。

為了避免這種情況發生，建議用「短時間內在有限的場所裡進行整理」來化解掉這種惡性循環。

這種方法不需要你一口氣將散亂環境全部整理好，而是要在各種散亂的環境下，試著逐步且確實完成整理工作。

而一直沒有時間整頓內務的人，剛開始可以每次只花個15分鐘進行簡單的整理工作。這15分鐘大概就是每個人閒著無聊滑手機，或是開電視隨意看看節目的時間。由於這15分鐘是平時為自己爭取出來的，因此可以盡量用來整理環境。

整理時的重點就是在15分鐘內把該整理的項目做好，並且絕不輕易延長作業時間。建議可以使用手機上的鬧鐘功能，確保自己在時間內做好整理工作。當鬧鐘響起時，就代表今天整理環境的時間額度已經用罄。只要在時間內做好該完成的作業，就能讓自己感到一股實在的成就感。

我的工作非常忙碌，甚至連吃飯睡覺的時間都要硬擠出來，請問要如何才能既快速又有效率地整理環境？

除非是出於個人興趣，否則任誰都不想親自整理環境。尤其是工作繁忙的現代人，只要一想到自己難得在家裡的寶貴休息時間，卻要浪費在可惡的環境整理上，想必沒人肯願意動手吧？不過，在這裡將要針對這種情形，向大家介紹一些可以輕鬆整理環境的絕妙觀念。

將屋內細分為不同整理區塊

如需要整理的場所或物品無法在15分鐘的時間內完成，那麼就別勉強自己在平日上班的日子整理，等到週末假日再來進行也無妨。平時可以只整理桌子、文具等小空間或少數物品，假日則是鎖定衣櫃、五斗櫃或書本文件等空間較大、數量較多的物品。

不過在這種場合中，整理所花費的時間必須設定成「15分鐘×2個」區塊，並在短時間內個別整理完畢。整理房間的時候雖然會像是在做運動一樣，使自己分泌腎上腺素。但保持這種積極的感受持續二到三個小時，很可能會在結束時產生一股疲勞感，導致下一次要整理時覺得意態闌珊。

收拾東西的訣竅還有「從看得見效果的地方開始著手」。為了讓自己可以養成整理的習慣，體驗到「收拾東西」的成就感正是重要關鍵。尤其是不擅長收拾東西的人，他們大多會先從櫥櫃等面積較大但不容易看到成果的場所著手，結果就會難以產生成就感。這點和減肥、重訓一樣，如果沒有辦法看到訓練後的成果，那麼就會沒有動機持續進行。

想要獲得收拾東西的成就感，首先要做的是將屋內的房間分成幾個小區塊。只要能完成小空間內的整理工作，在看到成果的當下自然也就可以立刻獲得成就感了。所以希望各位先試著為屋內環境分成各種小區塊，盡量讓自己從短時間內獲得成就感中養成整理房間的習慣。

CHAPTER 1

場所
總整理

　　第一部分解說的重點就是屋內特定場所中的整理技巧，諸如桌面、書架、廚房、玄關等空間，也有許多針對獨自居住者的住家環境所提出的整理建議。也許有些人在實行時會懷疑書中建議的成效，或是即使能局部性整理好屋內環境，但有時還是會覺得家中物件始終難以減少。

　　關於這幾點請各位放心，因為第二部分將會介紹居家環境常見物品的整理術。雖然市面上有許多整理收納書都是以空間為主題分類，不過本書認為最有效的方式還是雙管齊下。第二部分裡無論是襯衫、西裝、文具、皮夾、報紙、雜誌，想收拾它們可以不用先考量應該放在哪裡，而是以物品的觀點來分門別類，只要能做到這種境界，你的房間就可以變得比以前還要整潔，進而成為打造輕鬆生活的好地方。

物品

各項物品整理術

皮夾
皮夾就是房間的縮影，也是整頓內務的入口。

紙條·文件
請以保管目的和有效日期作為整理依據，方便自己隨時拿出來檢視。

襯衫·西裝
隨著整理方式的不同，給人的印象也會有所差異。這就是社會人士該有的戰鬥服。

電腦·電腦桌面
不管是物品或環境都要想辦法整理好，因為這是取得新資訊的入口。

報章雜誌
收集全新的資訊是所有社會人士每天必備的工作。

包包
在腦海裡描繪好一天的行程，並且把物品收進包包裡隨時取用。

鞋子
一個人的真實樣貌全寫在自己的腳上，無論是待棄鞋或慣用鞋都該加以管理。

化妝品
盡量不要增添額外的化妝品。

電視·電視遊樂器·音響
請多留意電器的周邊產品以及其他附屬品的整理工作。

CHAPTER
2 ──

01 襯衫・西裝

重要度★★★★
難易度★★★
費時度★★★

把襯衫掛起
來，方便出門
前找衣服

訂好襯衫輪番上陣
的順序

領帶也要重視
使用場合

統一衣架樣式

與西裝褲同步處
理掉西裝外套

一日60秒生活好習慣

上班族戰鬥服，
靠整理方式營造外在形象！

襯衫、西裝都是上班族工作時的正式服裝，也是生活上最常接觸的衣物。許多在社
會上打滾多年的上班族，自然會有四、五套以上的西裝，以及數十件以上的襯衫。
但正因為這是每天會穿在身上的衣物，所以常會衍生出整理上的煩惱。不是習慣把
襯衫直接丟到洗衣籃裡，就是回家後隨便找個地方擱著西裝外套，不知不覺堆積如
山，最後演變成再也無法將自己最愛穿的服裝找出來。請大家注意，襯衫和西裝可
以說是社會人士的戰鬥服，請盡量整理好再出門。

把襯衫掛起來，方便出門前找衣服

雖然只是「摺疊好」或「掛起來」的選擇，但若房間內有掛衣架，最好的選擇當然是用掛衣架把衣服「掛起來」。不但能省去摺衣服的工夫，以及避免衣服摺皺的麻煩，而且把全部的襯衫掛起來後，也比較方便挑選每件襯衫的樣式。

2

衣著用品

Point

「摺疊好」的方法特別推薦常常出差或出遠門的人。

訂好襯衫輪番上陣的順序

很多人習慣長時間只穿同一件襯衫，這種作法卻會加速襯衫折舊，並且導致一些比較沒有穿到的衣物，往往會被擱置在收納空間的最角落。因此建議各位先把沒在穿的襯衫掛在衣架上的最左端，並盡力讓自己做到「穿用襯衫時從右邊拿起，洗好的襯衫從左邊掛上」的規則。

由左邊掛起   從右邊取用

清洗   穿著

Point

為了方便和襯衫互相搭配，西裝也可以安排好使用順序。

領帶也要重視使用場合

一條領帶一用再用的印象很容易烙印在他人的腦海中，因此無論是穿西裝還是襯衫，著裝時請視場合與服裝款式為自己選擇適合的領帶。

平時

主要為適合搭配西裝、襯衫的領帶，並且輪流使用

婚喪喜慶

盡量將備用數量控制到最少

Point

由於領帶不易耗損，容易越買越多，因此非平日使用的領帶盡量只準備兩條左右。

與西裝褲同步處理掉西裝外套

雖然西裝外套的使用壽命較西裝褲長，但通常這兩種物品是成套的，所以只要缺少其中一樣就無法搭配成一套西裝。因此當西裝褲不能穿時，也要同步處理好西裝外套的去留問題。

新品　　　準備淘汰

把不穿的西裝外套集中起來

購入

Point

沒有西裝褲可以搭配的西裝外套就收到衣櫃裡存放。

統一衣架樣式

衣架無論是在衣櫃裡使用，或是在陽台上使用，只要能統一樣式就能增進環境的整體美觀。在挑選上，不只要刻意使用相同大小的衣架，而且也要選擇較節省空間或容易收納衣服的衣架。另外，避免習慣性收集、使用乾洗店的衣架。

不易滑脫型
→重視使用機能

鐵製
→用久了會開始變型

提升衣架上的統一感

塑膠製
→視用途決定是否使用

木製
→重視美觀

Point

無論衣架的樣式是吊鉤可以迴轉，或是不容易滑出衣服的樣式，全都可按照自己的喜好挑選。

MEMO **去漬的基本知識**

性質	原因	去漬方法
水溶性	醬油、咖啡、酒等	用刷子以水或洗衣精溶液刷洗
油性	口紅、機械油等	用刷子以濃縮洗衣精刷洗 / 局部搓洗
不溶性	泥巴、油墨等	用刷子以洗衣精刷洗 / 浸泡漂白水
樹脂	畫具、油漆等	在乾燥前用刷子以洗衣精刷洗 / 局部搓洗
色素	紅酒、水果等	沾到後馬上用刷子以洗衣精刷洗 / 如果沾染的時間拖太久就浸泡氧系漂白水
蛋白質	血液、牛乳、雞蛋等	以水沾濕後再用刷子刷洗 / 用氯系或氧系漂白水溶液浸泡
漂白	汗漬、染色等等	用海綿沾上氧系漂白水，晾起來風乾後再用

02 便服

重要度★★★★
難易度★★★★★
費時度★★★★

 分類並收納好
換季衣物

注意衣服的穿
著頻率

避免用「隨意零買」
的觀念購衣

一日60秒生活好習慣

從每季都會增加
的衣物類型開始整理！

由於挑選衣物的方向會隨著流行和喜好產生變化，所以換季時想汰舊換新也是在所
難免。但問題是買新衣服的同時，就代表已經開始不穿以前的衣服了。如果是平時
穿著西裝或制服的人，便服只要在換季後安排好一週內的穿著搭配即可。基本上，
希望各位對於自己的衣物要隨時抱持著「如何減量」的想法。如果有太皺的夾克或
沾到汗漬的襯衫，建議可以先從這幾種衣物開始處理。

避免用「隨意零買」的觀念購衣

衣物越積越多的原因之一，就是購入時沒有考量到服裝搭配。千萬別以為便服總是能隨自己的喜好任意搭配，建議在購買前先決定出要作為主角的衣物，在購買時才能針對顏色、紋路、材質來配合該件衣物。

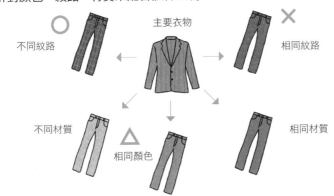

 Point

為了方便搭配，出門購衣時可以先檢查一下自己身邊的衣物。

分類並收納好換季衣物

不管什麼季節的衣物通通都往衣櫃裡放的習慣，只會讓最後演變成難以收拾的狀態，也會讓衣櫃空間大爆滿。想要把冬天的大衣收納進衣櫃時，就該把換季衣物移到前排隨手可取用的地方，而過季的衣物就移到衣櫃裡面。

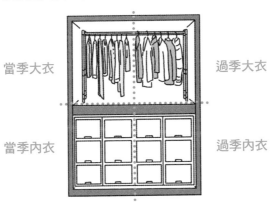

 Point

若是習慣將衣物摺好疊起來，也可以把過季衣物放到床底或其他收納處。

注意衣服的穿著頻率

若是將衣服分類成「能穿」和「不能穿」，會發現幾乎所有衣服都會被歸類為「能穿」。因此建議處理的標準為「有沒有穿過」。另外要格外注意的是，過去一、兩年內穿不下的衣服，今後多半也不會再有機會穿了。

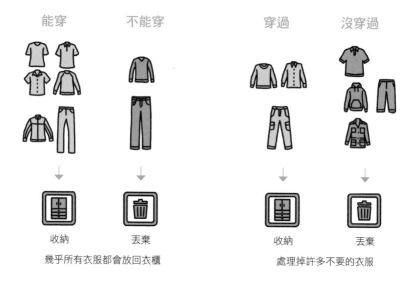

能穿	不能穿		穿過	沒穿過
↓	↓		↓	↓
收納	丟棄		收納	丟棄
幾乎所有衣服都會放回衣櫃			處理掉許多不要的衣服	

Point

處理衣物時如果不知不覺開始試穿起衣服，就會讓自己開始猶豫不決。因此整理時要極力避免試穿衣物的動作。

MEMO **購衣時的重點清單**

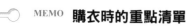

□確定自己是否還有相同顏色、設計、紋路的衣服
□能不能搭配自己喜歡的衣服、鞋子、包包
□穿起來是否合身
□明年同一個時期是否還能穿
□是否不用熨斗整燙也能穿
□衣櫃是否還能放得下
□是否耐穿、長時間保存
□穿過的隔天、隔週是否還能繼續穿出門

✓ 視鞋子的種類
決定去留

✓ 皮鞋一年保養
兩次

✓ 放棄「全部塞進鞋
櫃」的觀念

一日60秒生活好習慣

鞋子能準確表現生活風格，
無論丟棄或保存都要小心謹慎！

即使已經將鞋子穿得破破爛爛，很多人還是會很珍惜自己喜愛的鞋子，因此可説是最難以丟棄的品項之一。即便如此，鞋櫃裡的空間還是相當有限，所以為了不讓鞋櫃和玄關的置鞋處呈現客滿狀態，建議大家定期處理掉不要的鞋子。由於鞋子會表達出一個人的生活風格，因此無論丟棄與否，都必須小心處理。另外，比起只有一雙可穿，兩雙皮鞋輪流替換更容易達到長期使用的效果。鞋子是穿在腳下跟著人們到處跑的隨身物品，請各位一定要花時間好好保養。

視鞋子的種類決定去留

想要處置鞋子時，就要考量鞋子的種類。例如：每天都會穿的運動鞋就要一年處置一次，而修理皮鞋的鞋底或鞋跟則是一到兩年一次，只能配合季節穿的鞋子如果使用時間不滿一季，就該考慮是否丟棄。

常常穿的鞋子在一到兩年後丟棄

丟掉放在鞋櫃太久，或是穿不滿一季的鞋子

要處理掉少有機會穿到的鞋子時，最好的辦法就是利用網路拍賣將鞋子賣掉。

改變「全部塞進鞋櫃」的觀念

鞋子和衣服一樣，是一種用來搭配整體服裝的物品，所以對待鞋子千萬不要老是想著要把它塞進鞋櫃。無論是海灘鞋、長靴、登山鞋、婚喪喜慶用的鞋子，只要是在特定季節、特定場合才會穿的鞋子，請一律收進衣櫃或壁櫥中。

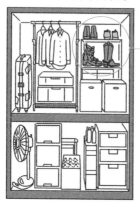

必須在特定季節、場合穿著的鞋子要收進衣櫃裡

鞋櫃只放平常穿的拖鞋以及上班、休閒用的款式即可。

皮鞋一年保養兩次

對有些人來說，有時間擦皮鞋就代表自己的個人生活過得輕鬆愜意。在這裡建議大家使用簡易的保養法，一年只要擦兩次皮鞋就夠了。至於擦鞋的時機可自行決定，例如：年終大掃除、工作出差前後、換季等等，一切任君選擇。

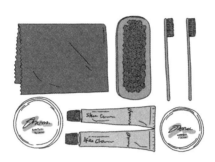

為了避免自己覺得擦鞋是一件「麻煩事」，請一定要把保養鞋子的工具放入鞋櫃中。

MEMO **保養皮鞋的基本重點**

1.去除汙漬

對於泥巴汙漬首先以沾水的抹布擦拭乾淨，再用柔軟一點的刷子刷掉表面的塵土。接著再拿專門去除油性汙漬的去漬劑或專門擦舊鞋的鞋油擦拭。擦完後，用乾淨的布沾上皮革護理劑擦拭整只皮鞋。

2.仔細保養

首先在每只鞋子表面沾上兩、三滴米粒大小的乳狀鞋油，並用牙刷大略地將鞋油沾滿整個鞋面。接著再用含有化纖刷毛的刷子把鞋子上的鞋油均勻刷滿，最後再把多餘的鞋油擦掉。如果鞋油刷進縫線之間、鞋面皺摺處、鞋底連接處，就拿乾布擦拭乾淨。

3.保持光澤

以少許油性鞋蠟塗在鞋尖、鞋跟、鞋底連接處。放置一、兩分鐘後，再用乾布輕輕地擦拭。

物品減量的規則
基礎篇

以「有用或沒用」為處理標準

很多不擅長整理房間內務的人，常常會在四大基本步驟的第二項——「分類」當中遇到瓶頸。

因為他們將物品分為「可以留用」和「無須留用」時，常會把許多物品統統歸為「可以留用」，反而無法將大部分物品處理掉。

為了避免這種情形發生，最好的方法就是有明確的分類標準。當你把需要整理的物品拿在手上時，腦中的念頭就是判斷眼前的東西到底是「用不用得到」，或是「有沒有在使用」，只要能嚴格遵守這項標準，就可以大幅減少身邊應當清除的雜物。

例如：不常穿卻很喜歡的舊衣服，或是明明沒什麼使用機會，卻還是因為興趣而花大筆金錢買下的用品。任何人對於這些東西都會捨不得丟棄。

然而我們一旦以「用不用得到」作為丟棄的標準後，就會開始出現「房間裡還有類似東西」的想法，在判斷上開始產生變化。請不要勉強自己去使用沒機會用到的東西，時時確認周遭物品是否真的有必要留下來使用。

問 雖然知道整理的第一步就是物品減量，但是好多東西都是當初買回來有備無患的重要用品，請問對這類物品要如何做到「斷捨離」呢？

答 即使有間大房子，收納空間也極為有限。尤其是許多對整理房間而感到困擾的人，家中常常會不知不覺布滿收納箱。與其讓自己居住的環境變成如此，不如先學會物品減量。

確認東西使用的時機與場合

整理物品時，若是對某些東西產生「以後或許還用得上」的判斷，那麼就該當場訂下「使用期限」的明確規範。換句話說，就是在物品的外觀上標記使用日期和使用期限，清楚記錄使用歷程。

當你決定好物品的「使用期限」時，可以在該物品或收納箱的外側貼上紙條、標籤，並且把日期記在上頭。一旦將使用日期的能見度提高，不但能增進物品的使用機會，而且超過日期還能毫不猶豫地處理掉。

總之，最理想的狀態就是意識到家中所有物品都有「使用期限」。在這裡請先試著想想食物的食用期限，通常食物的包裝或食品標示都會記載著食用期限，然而食物畢竟還是會隨著時間腐壞，即使不設定期限，時候到了也能看出東西已經不能吃下肚了。

以報紙為例，就是「早報的使用期限是從早上開始算起，到晚報出刊的下午四點」，而「晚報的使用期限則是隔天早報出刊為止」。在使用期限到來時，物品不但會變舊腐壞，而且也會失去原本的價值。

只要你一有「遲早派得上用場」的念頭，到頭來其實都會變成幾乎用不到的物品。沒有標上期限的東西，永遠不會有「遲早派得上用場」的機會。因此，請不要將屋內的寶貴空間用在這些無謂的東西上，盡可能做好物品減量的動作。

皮夾內物品要
分成四種

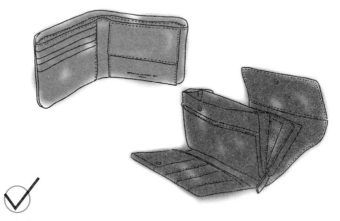

決定好皮夾裡各
種物品的位置

一日60秒生活好習慣

皮夾是生活環境的縮影，
內務整理的入口！

人們多半會從皮夾頻繁地取用物品，所以很容易在不經意間顯露出使用者的生活習慣，因此，可說是生活環境的縮影，建議想整理房間的人，要盡量先從整理自己的皮夾開始著手。基本上，整理皮夾夾層的原則和房間雷同，只要能在短時間內做好初步整理，那麼整體的整理工作就會變得更容易掌握。總之，請記住皮夾就是控管金錢流向的場所，要是沒有悉心整理很容易出現浪費的狀況。請各位務必開始整理自己的皮夾，讓自己的錢財能夠好好地安頓在裡面。

皮夾內物品要分成四種

將皮夾裡的東西統統拿出來,會先發現塞滿空間的卡片類用品,不見得都要用皮夾保管。建議不需要的物品就全部直接拒絕不收,至於在店家收到的發票只要疊放整齊即可,這麼做便能省掉日後整理的麻煩。

 一軍　過去一個月內使用的東西
→放進皮夾中保管
現金
身分證
信用卡
駕照
健保卡…

三軍　過去一個月內沒有使用,而且當天也不打算使用的東西
→放在家裡保管
醫院診療單
美容院集點卡
需要確認內容的帳單…

 二軍　過去一個月內沒有使用,但今天很有可能用到的東西
→放進專門收置卡片的盒子保管
服飾店、家電量販店等集點卡
漫畫出租店、網咖會員卡…

丟棄　不需要留下的東西
→丟進垃圾桶
發票
信用卡消費明細
用過的電影票…

Point

擁有很多集點卡的人,建議可以使用卡片收納盒集中保管。

決定好皮夾裡各種物品的位置

基本上,使用頻率高的物品就該放在最容易取出的位置。至於鈔票的放置處就以是否容易取用為標準,建議照著一百元→二百元→一千元→二千元的順序排列。這麼做就能簡單管理好皮夾的狀態,也不會在不知不覺間隨意浪費金錢。

低 ← 使用頻率 → 高

Point

高鐵、捷運等交通工具的通勤電子卡片等物品,其實是「可以不用在乎收納場所的東西」,建議放進皮夾的最深處。

決定回家放置包
包的場所

提高每個夾層的
「能見度」

注意備用包包的
保管方式

一日60秒生活好習慣

包包是隨身百寶箱,
請善加利用來規畫每日行程!

只要是整理家中物品,包包便理所當然是應該好好整頓的項目。此外,如果能事先有效率地規畫當天的行程,包包就會像是隨身百寶箱一樣方便。不過,帶著包包出門辦事的同時,裡頭也很容易在不知不覺間塞滿無謂的東西,不但無法掌握內容物,緊急時也會拿不出想取用的物品。這點對一個商務人士來說,是很要不得的致命傷。畢竟拿在手上的東西要盡量做到精簡扼要,才是聰明人該有的生活態度。

提高每個夾層的「能見度」

所謂的「能見度」就是打開包包後，方便一眼看清內容物的程度。整理的重點就是物品之間不要重疊。使用時則和桌面一樣，隨時注意「物品用完後馬上放回原位」的原則。

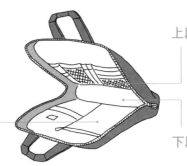

上段　內側的收納網袋專門存放文具

中段　使用能以拉鍊封口的內袋，可以安全收納手機、皮夾等貴重物品

下段　最主要的收納袋專門存放文件、電腦

Point

如果包包裡沒有收納網袋，那麼就先把文具放進筆袋中，再收進包包裡。

決定回家放置包包的場所

首先要做的就是別養成一回家就將包包往地板、沙發上亂丟的習慣。還有為了不使房間散亂，也為了方便自己能隨時將重要物品立即拿出來，建議各位一定要養成將包包放到「自己最常接觸場所」的習慣。

如果想把東西放在「自己最常接觸的場所」，很多人的選擇通常會是桌子側邊

Point

對於在家中不用把包包打開始的人來説，將包包放到衣櫃裡是最好的選擇。

注意備用包包的保管方式

雖然衣櫃裡可以放置平時用不到的包包，不過要是不偶爾拿出來使用，會發現包包外觀早就已經變形。對此，建議的方法就是用門擋來架住材質柔軟的包包，以防變形。

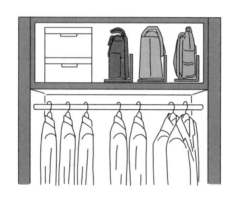

皮革製的包包更要小心保管，因此別忘了要偶爾拿出來保養表面。

MEMO **男性需要幾個包包？**

基本上，包包裡盡量不要塞滿東西，這樣才能隨時拿出自己要使用的物品。不只是女性，現在也有很多男性會持有數款包包，而且在這些男性當中，也不盡然都是熱愛收集包包的人。因此建議男性最多只要持有三個包包就夠了。如果要細分用途，就是一個專門在工作時使用的包包，另外兩個則是作為休閒用途的包包（不過長期外出旅行用的旅行箱，以及特殊用途的包包則另當別論）。

選擇工作用的包包時，當然就該著重於包包本身的機能性，如果挑錯包款就會在不經意間隨便塞進東西，不但造成自己的困擾，也會增加忘記帶東西的機率。休閒用的包包由於不是每天使用，所以在保管上能夠不用太在乎使用時造成的損傷。雖說我們可以挑選材質好、用得久的包包，不過基本上還是希望各位能每隔數年就汰換一次。

☑ 限制文具的收納數量

☑ 各自分配到適合的地方

☑ 與其使用筆筒,不如使用筆托盤

☑ 做好使用中物品和備用品的分類

一日60秒生活好習慣

祕訣就是將
文具數量減至最小限度!

文具有個特徵,那就是「數量再多也不覺得占空間」,所以我們常會毫無顧忌,一個接一個地購買。而且直到需要處理掉時,就連丟棄的標準也會顯得很模稜兩可。我們有可能會心想「這個使用很久的筆架,應該還能收納鉛筆、原子筆吧」;或是會發現「當初無視價格高低就買回來的文具,卻只能隨便拿來用,好可惜喔」。此外,把數種相同用途的文具到處亂放,不只會讓自己無法掌握特定文具的放置處,也會因為找不到而讓自己陷入重複購買文具的惡性循環。因此,建議各位保持除非必要,否則盡量減少文具數量的觀念。

各自分配到適合的地方

例如：把剪開食物包裝的剪刀放在廚房裡，或簽收快遞的筆放在玄關。這麼做比起浪費時間把東西找出來，或是因為找不到而再買一個新文具還要有效率。另外，同時也是要貫徹「用完後物歸原位」的習慣。

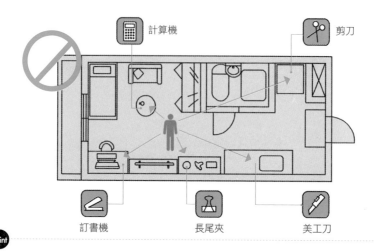

計算機

剪刀

訂書機　　　　　　長尾夾　　　　　　美工刀

Point

設置文具的固定位置就和其他物品一樣，只要放在「方便使用的場所」即可。

限制文具的收納數量

由於文具容易在不知不覺間越變越多，所以請盡力控制收納箱內的文具數量。當你開始考量文具的收納時，千萬別企圖使用更大的容器。從現在起要讓自己養成「買一丟一」的習慣。

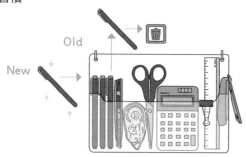

Old

New

Point

收納箱的內容物超過100％，就會出現難以取用文具的窘境，所以要避免這種情況的發生。

與其使用筆筒，不如使用筆托盤

因為筆筒不但容易放滿其他不必要的東西，而且放置場所只能限制在書架、書桌上。相對之下，由於筆托盤的體積較小，因此只要能仔細挑選需要留下來的文具，就連平時收進抽屜裡也顯得方便美觀。

 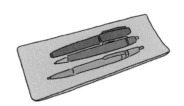

筆筒
容易塞滿東西，放置地
點有所限制

筆托盤
可以控制筆的數量，也
能放進抽屜裡

無論是工作還是日常生活，鉛筆盒也能充作筆托盤的代替品。

做好使用中物品和備用品的分類

將常常用到的文具和備用品分開來放置，可以獲得較好的使用效率。此外，使用頻率較低的文具，例如：膠帶或是美工刀的備用品，在數量上必須隨時保留一件，而且還要放置在鉛筆盒或抽屜裡，以便隨時取用。

備用品   →

釘書針　美工刀刀片　修正帶的　自動鉛筆筆芯　放到抽屜裡
　　　　　　　　　　補充品

沒機會
使用的文具    →

玩偶造型筆　筆記本　缺色的彩色　出現缺陷的文具　丟棄
　　　　　　　　　　鉛筆

超過一年未使用的物品，即使是全新品也要立即處理掉(轉送或丟棄)。

物品減量的規則
進階篇

丟棄時設置一個「保留箱」

在決定好什麼「可以留用」和「無須留用」時，往往會耗費許多時間，讓人分不清何時才能結束分類的噩夢。雖然建議各位要迅速完成分類上的判斷，但在所有待處理的東西裡，難免會出現一些讓自己無法立刻下判斷的物件。如果你在整理時，也一樣會發現這種令你難以決定是否丟棄的物品，最好的方式就是事先設置一個「保留箱」。另外，要是有箱子無法容納的物品，建議在屋內設置一個保留箱，專門保留大型的待處理物品。

不過，這個保留箱在使用上有個大前提：那就是必須為保留物品設定好「下次判斷是否丟棄」的期限，並為該物品貼上記載判斷期限的標籤。

在設定好期限後，接著就把保留箱放到其他地方保管。

在保管地點上，也有必須注意的重點。那就是別將保管箱放到房間的角落，因為這麼做較容易讓自己遺忘保管箱的存在，所以一定要挑一個容易看到的地點才能發揮保管箱的效果。

另外，當你難以判斷是否丟棄物品時，最不可行的決定就是再用新架子和收納箱放置該物品。因為光是多出一個收納用具，就會讓自己更捨不得丟棄待處理物品。所以準備一個收納用具專門安置本來要丟掉的東西，在根本上並無法解決整理房間、內務的問題。

問 「物品減量」說得很簡單，但做起來卻不是那麼容易，除了要克服千頭萬緒的想法外，還得有足夠的決心才能達成。有什麼需要事先理解的概念？

答 物品減量是一個需要勇氣的工作。因為當自己決定丟棄東西時，常會出現「丟掉太可惜」的想法，進而讓自己的決心產生動搖。在這裡將延續P.72「物品減量的規則　基礎篇」的內容，告訴各位物品減量的訣竅以及事前的心理建設。

物盡其用讓物品產生價值

無論是什麼樣的人，當自己必須丟棄打從心底喜愛的高價物品時，都會一陣天人交戰。然而，實際上大多數情形都是即使一口氣把該物品丟掉，日後也不會覺得有什麼好後悔。其實在很多場合下，將無謂的物品丟棄比留下來還要有用得多。若要說起丟掉物品的好處，一言以蔽之就是：「讓空間和心情得到舒展，以迎接全新物品，並讓自己能隨時吸取嶄新的經驗。」雖然常常聽到有人嘲笑這種觀念，這些人多半認為：「總有一天你一定會發現自己很需要那個東西。」然而事實上，丟掉後還能重新認識到該物品的重要性（發現到有必要留在身邊）的情況其實寥寥可數。

另外，雖然物品減量常會讓人產生等同於「捨棄」的觀感，但只要是選擇將物品轉讓、轉賣給他人，也是可以為該物品創造出全新的價值。反觀將物品塵封在櫃子裡，在用途上反而無法開拓出全新的活路。我認為這種觀念就是若要「珍視物品」就該等同於「活用物品」。

雖然大家都認為無法輕易處理掉物品時，只要能好好整理屋內環境就夠了。然而這麼做其實無法輕鬆解決問題。因為屋內環境一定會隨著時間讓物品逐漸變多。如果想讓自己每一天都能生活在輕鬆有餘的空間，那麼就得拿出勇氣做好物品減量的動作。

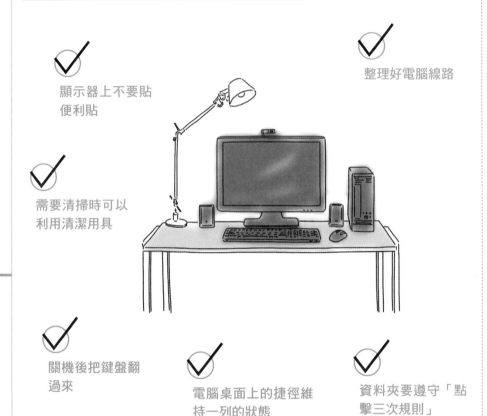

顯示器上不要貼
便利貼

整理好電腦線路

需要清掃時可以
利用清潔用具

關機後把鍵盤翻
過來

電腦桌面上的捷徑維
持一列的狀態

資料夾要遵守「點
擊三次規則」

一日60秒生活好習慣

現代人的重要工具保持整齊狀態，
以便隨時準備接收新資訊！

雖說公司裡使用的電腦和家中使用的電腦用途不同，但唯一不變的就是這兩者都是
獲取新資訊的入口。所以這個單元著重處理的就是電腦螢幕上的灰塵，或是會妨礙
自己工作並且纏繞在電腦旁邊的電線。此外，電腦裡的數位電子檔即使不會占據實
際空間，但要是沒有加以整理，就會越來越難找出需要立即使用的重要檔案。如果
要讓電腦順利達成身為工具的使命，那麼就要在眾多數位檔案間作好取捨。不管是
物品也好，工作環境也罷，總之我們都必須仔細整頓好電腦的使用環境。

顯示器上不要貼便利貼

不管是何種電腦,只要在顯示器上貼便利貼,就一定會使工作環境雜亂不堪。建議的聰明方法就是不要用便利貼記載重要事項,而是在電腦裡安裝標籤軟體,並且把重要記事直接記載螢幕桌面上。

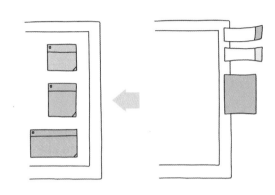

即使是一個人住在家中,把密碼貼在電腦螢幕上的行為也是一種很不妥的習慣。

整理好電腦線路

如果你的習慣是每隔數天使用一次電腦,那麼每次使用完畢後,就要把沒有插在插座上的電線類物品收拾好。反之,如果你使用電腦的次數很頻繁,就要多利用電線收納盒等物品,幫助自己整理電腦周遭環境。

電線收納盒使用示意圖

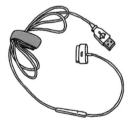
將電線捲起使體積變小

不常使用的相關機器或收納盒,請盡量不要擱置在電腦周圍。

需要清掃時可以利用清潔用具

如果電腦螢幕和鍵盤積滿塵埃，就有可能提早結束這些工具的壽命。雖然不需要每天清理，但還是希望各位能養成在假日、空閒時簡單清掃的習慣。

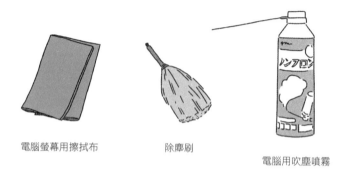

電腦螢幕用擦拭布　　　　　除塵刷

電腦用吹塵噴霧

家電賣場裡有各種電器用清掃工具任君挑選。

關機後把鍵盤翻過來

由於開著電腦會消耗記憶體，所以這種情況只要持續數天後就會讓電腦運行效率變慢。因此當你今天使用電腦的時間結束，也請別忘了關掉電源，再行休息。此外，記得將鍵盤翻過來放，這麼做可以預防鍵盤附著塵埃。

如果有人不習慣將鍵盤翻過來放，那麼最好能使用市面上能買到的鍵盤防塵套。

電腦桌面上的捷徑維持一列的狀態

電腦桌面代表著自己的大腦狀態，如果有很多列桌面捷徑就代表自己的思緒無法
彙整。建議電腦桌面上的捷徑平時只保留一列的數量，最多只保留到三列。請盡
量減少在電腦桌面上尋找捷徑的時間。

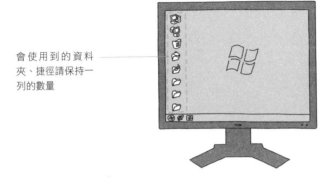

會使用到的資料
夾、捷徑請保持一
列的數量

Point

如果電腦桌面上的捷徑太多，開機時也會因為讀取捷徑資料而拖長時間。

資料夾要遵守「點擊三次規則」

從電腦桌面到想閱覽的資料夾，請盡量將點擊次數控制在三次以內。只要你可以
遵守這項規定，那麼使用電腦的作業效率就會跟著提高。如果想縮短電子檔的開
啟距離，可以稍微活用桌面捷徑功能。

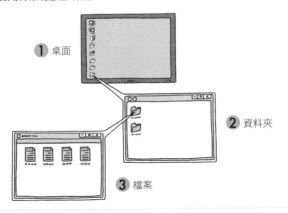

1 桌面

2 資料夾

3 檔案

Point

建立新檔案後，別忘了把舊檔案刪除掉。

整理電子信箱的規則

電子信箱保持淨空狀態

不管是專收私人信件的信箱,還是工作用的商務信箱,管理的概念在基本上沒有太大的不同。信箱中充斥著因為各種原因而留下來的信件,例如:閱覽完後,直接擱置在裡頭的上百封郵件,或是回覆對方的寄件備分……,將收信匣留下來的各種信件處理掉,就是整頓電子信箱的主要工作。

比起工作上必須處理的郵件,處理親朋好友寄來的私人郵件的緊急性較低,所以很多人常常因此而放鬆整理上的戒心。但是,不管該郵件的主旨是多麼雞毛蒜皮的小事,幾乎都無法當作拖延時間回信的藉口。而且收信匣內的郵件越變越多,只會無謂地增加找出單一郵件的困難度。很多人就是因為如此,所以常會在緊急時刻找不出必須立刻找到的電子郵件。

如果收信匣裡有大量未閱覽和未回信的郵件,那就代表使用者在生活上沒有太多餘裕。建議各位為自己的信箱設定好「家人」、「朋友」、「點頭之交」、「緊急處理」等幾種收信人資料匣。這麼一來,當大家的郵件寄來後就能一一放進到各自屬性的資料匣。基本上,我們的收信匣平時要保持淨空。如果朋友之中有人會經常寄送郵件給你,那麼將朋友的資料匣細分為國中、高中、大學,就可以立刻收到成效。

問 無論公司或家中的電腦，總是會收到許多電子郵件，有時候一天沒看信，信箱就會多到滿出來。對這樣的現象，大師是否有什麼具體建議呢？

答 現代人的家中多半早就擁有一台專屬個人電腦了。這種人常常有很多機會產生整理內務上的煩惱，所以在此將要說明關於電子郵件在收發整理上的問題。

養成迅速判斷回信的能力

準備整理電子郵件的人，一旦瞥見大量的企業、網站電子報或廣告信，通常會不知如何下手。尤其最近需要加入會員才能使用的網站服務有增多的趨勢，而且也越來越多人習慣訂閱名人、企業所發行的電子報。

此外，許多廣告信、電子報都有一種特徵，那就是如果沒有在信箱內讀取，就會無法閱覽其中的內容。

因此，廣告信、電子報往往會在沒有讀取的情況下，被許多訂閱者囤積在信箱當中。雖說有的人認為「既然不是需要讀取的東西，那麼趕快一口氣全部刪除就可以了」，但是本來可以短時間完成的動作，常會因為經年累月所囤積下來的郵件堆，成為奪走寶貴日常生活時間的元兇。所以最根本的解決之道就是立刻檢視信箱內的廣告信、電子

報是否還有必要繼續訂閱，盡量只保留需要長期閱覽的類型，其他不需要的部分一律直接取消。

另外，時間運用自如的人，通常都能迅速確實回信給對方。這是因為他們在打開電腦時，就已經開始思考如何「處理電子郵件」。只要習慣讓收信匣維持淨空狀態，就能讓自己瞬間處理情報的能力大幅提升，因此一旦有新資訊進入信箱裡，就能盡快做出反應。只有可以做到這種境界的人，才能擁有輕鬆愜意的簡單生活。

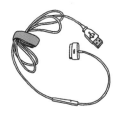

08 電視・電視遊樂器・音響

重要度★★★
難易度★★★
費時度★★

決定附屬品的固
定位置

定期清潔，避免
讓家電積滿塵埃

一日60秒生活好習慣

無論周邊用品或其他附屬品，
都必須謹慎處理！

由於電視、電視遊樂器、音響等物品少有機會移動位置，因此散亂在一旁的東西往
往是這些家電的附屬品。有些人會在電視上放個小東西當作裝飾，但這麼做會讓
人漸漸毫不顧忌，讓整台電視上方充滿無謂的小裝飾品。此外，很多人有一種壞習
慣，那就是喜歡把DVD、電玩軟體堆放在電視旁。無論如何，還是希望大家盡量養
成將看完的DVD、玩完的電玩放回原位的習慣。另外，家電產品的天敵就是灰塵，
請注意家電用品的使用頻率，避免累積灰塵。

決定附屬品的固定位置

無論是電視機的遙控器,或是電玩主機的控制手把,這些周邊用品只要一使用完畢,就該放回原位。若遙控器的固定位置就在桌上,那麼用完後就不要隨便亂放,決定好應該要放在桌上的哪個位置或其他收納用具裡。

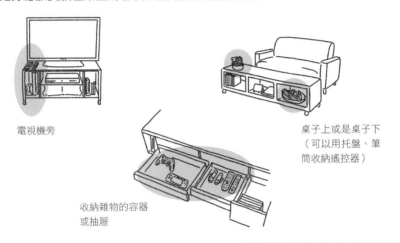

電視機旁

桌子上或是桌子下
(可以用托盤、筆筒收納遙控器)

收納雜物的容器
或抽屜

 Point

電視遊樂器的控制手把等各種線路,可以用集線器收拾整齊。

定期清潔,避免讓家電積滿塵埃

使用頻率低的物品就要用塑膠袋包好。至於每天會使用的大型電視機就不需要用塑膠袋包起來,只要拿乾布擦拭灰塵,效果馬上立竿見影。此外,建議可以多加利用簡便型的靜電除塵刷。

使用頻率

低 ◀━━━━━━━━━━━━▶ 高

套上塑膠袋

保持擦拭灰塵的習慣

 Point

看完DVD、玩完遊樂器後,要稍微擦拭灰塵或打掃一下周邊環境。

分成「資訊」、
「紀念」兩大類

從三大「收件
處」著手處理

以「重要」和
「頻率」來決定
放置場所

丟棄沒在期限內處
理完的文件

活用半透明文件夾

一日60秒生活好習慣

修正當初的保管目的和期限，
積極整理書面文件！

比起其他物品，桌面上堆積如山的文件、資料更需要花上大量時間整理。因此想開
始動手時，建議別企圖一口氣全部整理完，先試著將眼前的文件確實收集起來。其
中重點就是在整理前，要好好檢討是因為什麼目的而特別保管該文件。當你做到這
點時，就會開始試著思考自己出於何種動機保管該文件，而且還會意外發現很多文
件沒有留下來的必要。所以，動手整理前請先檢視手邊的文件究竟有沒有留存的必
要性。

從三大「收件處」著手處理

處理郵件的場所有三種。避免一看到廣告信、折價券類的郵件，就想順手拿進屋內，應該直接丟進信箱旁、玄關裡的垃圾桶。此外，也該聯絡該類郵件的寄送者，讓寄送的源頭知道你「謝絕推銷」的態度是一個很重要的關鍵。

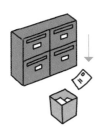  

1 從信箱拿到後就
決定丟棄

2 進入玄關後決定
是否丟棄

3 聯絡寄送者謝絕
推銷

 Point

別隨手拆開不需要的廣告信和型錄，建議可以在郵件外觀署名並寫上「謝絕收件」，再回信退回寄件者處。

分成「資訊」、「紀念」兩大類

紙本文件大致上分為兩種，不是用來提供資訊，就是專門作為回憶紀念（又或者是兩者兼有）。可以在網路上取得的資訊就該丟棄，至於沒有收藏必要的訊息、照片也要直接處理掉。

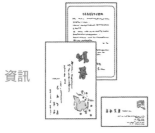 

資訊

資料數位化後再丟棄

紀念

嚴格篩選出紀念用文件

 Point

決定留下哪個「紀念」類的文件，是很重要的處理關鍵。

以「重要」和「頻率」來決定放置場所

整理文件的重點就在於文件的屋內放置場所。決定的標準就是重要程度和使用頻率。常常會再三閱覽的文件就放置在伸手可及之處，不常閱覽的文件則是收納在屋內的隱蔽處。如果有低於這兩種標準的文件就該考慮是否丟棄。

頻率 **高**

附折價券的廣告信、紙張
將還在期限內，並且常去的商店折價券留下，如果沒有消費的打算就直接丟掉

沒有附折價券的廣告信、型錄
丟棄沒有興趣、超過期限者

發票、收據
保留可作為申報用、退貨退款、精算細項的部分。不用記在帳簿上者一律丟棄

消費明細
留下可作為申報用、記帳用的部分，其餘一律丟掉

薪水帳單、瓦斯水電費帳單
只將近期內的明細留下。丟棄掉隨時能在網路上檢視明細，或不需要記在帳簿的部分

重要性 高 ◄┈┈┈┈┈

放進桌子的抽屜

 丟進玄關附近的垃圾桶

放置場所

放進收納櫃、壁櫥裡

 過期後就從抽屜裡拿出來丟進垃圾桶

┈┈┈► **低**

以前用過的筆記本
視內容有無過時而定，有必要的話就能保留下來。如果不符合標準就斟酌丟棄

聖誕卡、賀年卡
嚴格挑選出問候或回憶用的卡片。有必要保留的資訊就予以數位化，建檔後再丟棄

契約書
保留還在契約期限內的文件，過期的部分一律丟棄。但和戶籍資料有關的文件就要盡力保留

使用說明書、保證書
保留使用中家電的說明書、保證書。只要是保固期內的保證書，就要用膠帶和說明書黏在一起。如果能在網路上確認使用說明、保固期，就可以考慮將兩者丟棄

照片
嚴格挑選出可供回憶用的照片，並加以保留

低

 Point

請盡量將同性質的文件保存在同一個地方。

丟棄沒在期限內處理完的文件

「必須好好保存的資料」也有所謂的保存期限。例如：收據和明細表這兩者有三種處理方式。1.需要用來申報資料，因此必須長期保存。2.需要記載到帳本的內容，記載完後即可丟棄。3.不屬於前兩者的情況，可直接丟棄。

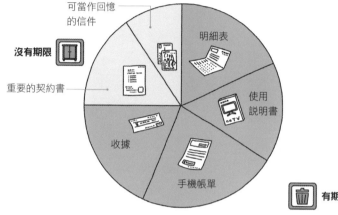

可當作回憶的信件

明細表

沒有期限

重要的契約書

使用說明書

收據

手機帳單

 有期限

2

居家用品

0
9
5

Point

千萬別以為舊名片和保單「算是很重要的東西」而保留下來。

活用半透明文件夾

若是想為文件分門別類，那麼文件夾是一個相當方便的法寶。使用時，要盡量將新的文件往右放，而要丟棄舊文件時，則是從左邊按照順序處理。如此一來，文件就可以照著這樣的循環汰舊換新。

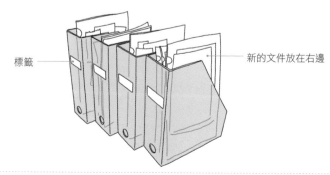

標籤

新的文件放在右邊

Point

如果沒有空間擺放，那麼可以改用可伸縮收納的蛇腹式文件夾。

重要度★★★★
難易度★★★★
費時度★★★★

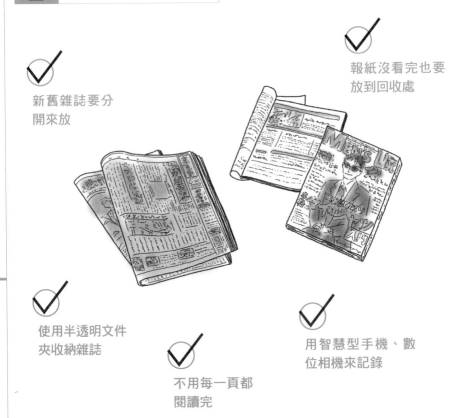

新舊雜誌要分
開來放

報紙沒看完也要
放到回收處

使用半透明文件
夾收納雜誌

不用每一頁都
閱讀完

用智慧型手機、數
位相機來記錄

一日60秒生活好習慣

每天仔細閱讀，
確實收集最新資訊！

平時自己訂閱的報紙，有可能會因為工作繁忙或身體健康而影響到閱讀頻率。此外，很多人都會在一開始很熱心閱讀該份報紙，但不消幾個月後，屋內的報紙就會堆積如山。當然，定期發售的雜誌也會出現相同的情形。報章雜誌是一種取得最新資訊的工具，如果沒有及時閱讀，資訊就會開始過時。因此在整理報章雜誌時，請先打造出一個「讓自己靜下心來閱讀」的環境。只要每天能仔細閱讀，說不定還能為自己的興趣開拓全新的領域。

新舊雜誌要分開來放

隨著資訊的新舊程度互異，閱讀新雜誌和舊雜誌的目的也會隨之不同。建議隨時將新雜誌放在沙發附近，並且要視資訊流通的時間，收納到其他地方。

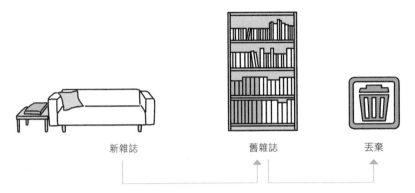

新雜誌　　　　　　舊雜誌　　　　　　丟棄

Point

將過期雜誌從客滿的書櫃中拿出來丟棄是最基本的技巧。

報紙沒看完也要放到回收處

即使是根本沒看過的報紙，還是必須放進回收處。由於報紙不會立即處理掉，因此建議可以直接收到資源回收用的收納袋中。如果確定自己會在日後閱讀該份報紙，那麼建議最好先進行剪報分類的工作。

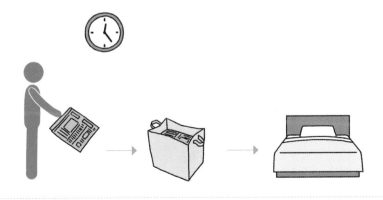

Point

請多加確認資源回收的日期，並在前一天事先把待回收資源整理好放在玄關。

使用半透明文件夾收納雜誌

如果習慣把厚重的雜誌收納到書架上,那麼過一段時間後,整個書架就會充滿了雜誌。如果你希望保存雜誌的同時又能方便確認內容,那麼建議可以多加利用塑膠文件箱。

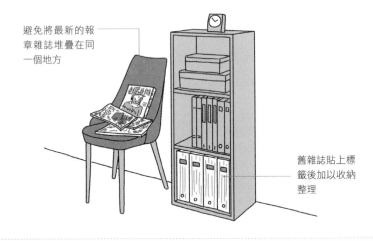

避免將最新的報章雜誌堆疊在同一個地方

舊雜誌貼上標籤後加以收納整理

想要保留過期雜誌時,請以1～2年為標準期限,超過這個時間就要準備丟棄。

不用每一頁都閱讀完

身為一個閱讀者,有時候會因為「每一頁都要看完」的壓力而使自己喪失了閱讀動力。建議平時報紙只看頭版或藝文版,雜誌則是先挑自己感興趣的專欄,至於其他內容大致上瀏覽過一遍就行了。

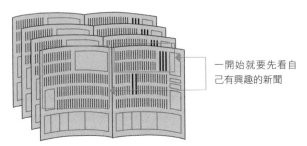

一開始就要先看自己有興趣的新聞

即使決定了是否閱讀某新聞,日後還是有機會透過網路或口耳相傳,知道該資訊。

用智慧型手機、數位相機來記錄

過去，使用剪刀將報紙上的新聞一一剪下，實在是一件費時又費力的工作。然而最近，善用智慧型手機，記錄報紙資訊就不再是什麼大問題。只要手機的攝影畫質不要太差，就可以積極有效利用。

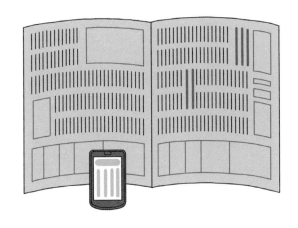

拍下來的影像要記得保存在電腦或硬碟裡，當然也別忘了趁著保存影像時，順便刪除其他不需要的檔案。

MEMO 善用電子報紙、電子雜誌

如果想要解決報章雜誌接二連三出刊，使得屋內逐漸堆滿讀物的窘境，那麼還有訂閱電子雜誌（電子書）的方式。其實，最近越來越多雜誌也會另外發行數位版本。而且一些較有規模的報社，已經能夠提供相當有品質的電子書閱讀效果。

只要能善加利用電子書的優點，就可以不必再為了屋內空間而煩惱，老是惦記著什麼書應該要趕快處理掉。再加上閱覽時的方便度，你還可以利用搜尋功能找出以前的新聞或想看的文章。如果將實體報章雜誌留下來卻不閱讀，就等同於讓過期刊物侵蝕屋內空間。然而電子書除了硬體本身的面積外，就很難占用太多空間，而且還有機會幫自己開拓出更多的閱讀場所。因此對於所有重視閱讀報紙的人來說，以電子書代替實體書是非常值得推薦的好方法。

整理紙本郵件的方法

嚴守郵件不落地規則

要把東西拿進屋內時多半都會視當時的狀況做各種斟酌,但郵件卻有著「不管收件者目前屋內狀態如何,一定都會強制寄送過來」的特性。而且每天辛苦工作後,即使已經回到家休息,門外的信箱還是會不斷累積郵件。

那麼,當你第一時間把郵件拿在手上時,又會做何判斷呢?不整理郵件的人最典型的想法就是「等等再來處理」、「下次休假再來處理」,然後不打開郵件就直接擱置不管。這麼做的後果,當然就是任由郵件堆積如山。尤其是完全不開封郵件,更會造成萬劫不復的惡性循環。

那麼,郵件到底該如何處理才比較妥當呢?在這裡,要建議的整理重點就是郵件不落地。當你從信箱裡拿出郵件時,就該當場分出「哪些郵件須留下來,哪些又無須留下」。在拆封「無須留下」的郵件時,確認好寄件者後就可以直接丟進垃圾桶,而「須留下」的郵件則要當場拆封並謹慎處理。

雖說這只是一個單純的動作,但每天這麼處理郵件其實並不容易。也許剛開始你會覺得很麻煩,但只要持續一個禮拜,就能自然消除桌上堆積如山的郵件。

迅速為郵件做好分類

接下來就是為寄到家中的郵件做好分類。會寄到信箱裡的郵件主要分為五類:1.明信片、信件;2.取款或繳費帳單;3.商品型錄;4.附折價券的廣告信;5.廣告信。基本上除了1和2之外,其他的都算在「無須留下」的範疇。

在2當中,如果是信用卡帳單,還有在網路上確認明細的作法。其他重要的取款或繳費帳單雖然基本上能用文件夾保管,不過如果你覺得自己的時間很充裕,也可以在確認過後,第一時間就收到包包裡,並且準備隔天繳完費用。至於第3項則是一定要當場拆封確認,要是沒有拆封就收進信件保管箱中,那就算不上是經過確認了整理了。

值得注意的就是附有折價券的4,因為這類郵件常常會在不經意間擱置在屋內。例如:外送披薩的九折優惠券,有時候雖然自己並沒有那

麼想要吃,但一看到有折價券就會選擇留下來。然而這類廣告信常會有所謂的優惠期限。所以要是沒有「今天叫披薩來吃」的打算,這種廣告信最後都會派不上用場,就這麼超過了優惠期限。由於最近網路上也流行電子折價券,所以要使用折價券的話,不妨確認一下店家的官方網頁。

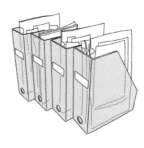

重要度★★★
難易度★★★
費時度★★★★

丟掉盒子改換活
頁CD套

固定CD的收納
場所

播放中的CD盒
要放在音響旁邊

音樂以數位化的形
式保管

一日60秒生活好習慣

精簡光碟收藏量，
只保留真正的典藏CD！

只要CD和DVD的數量一增加，就會占走屋內的許多空間。由於這類物品並不便宜，因此很多人常因為覺得可惜而中途放棄處理。但是，音樂和電影會隨著年齡、流行而產生變化。因此書櫃和收納架上的CD當中，常常會不知不覺混進跟嗜好完全不相干的類型。對此，建議各位最好可以把自己以前喜歡的物品割愛給友人，或者是轉賣至中古市場。「把東西讓給真正需要的人」才是最明智的作法。

固定CD的收納場所

由於豪華版DVD之類的包裝比較有價值，因此把整個盒子丟掉是一個很困難的決定。但如果內容物的數量處逐漸開始變多，甚至到了非常嚴重的程度，那麼最好立即動手整頓收納空間。

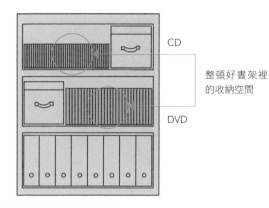

CD

整頓好書架裡
的收納空間

DVD

收納空間太大反而會妨礙物品減量，請務必格外注意。

丟掉盒子改換活頁 CD 套

請捨棄原本的光碟盒改用光碟CD套，除了能放進光碟專用的活頁夾外，還可以減少至大約原來厚度的五分之一。由於有的活頁夾還能收納CD封面和歌詞卡，因此購買時可以按照自己偏好的用途來挑選。

環保節能的小型光碟盒，是節省空間的最佳利器。

播放中的CD盒放在音響旁

想要觀賞自己所收藏的CD時，建議可以把CD盒放在播放器的旁邊。這麼做不只是好看而已，也省去了找出盒子後再把CD光碟放回去的工夫。

如果已經丟棄CD封盒，也可以使用CD封面作裝飾。

音樂以數位化形式保管

如果你沒有iPod之類的可攜式音樂播放器，或者沒有額外的光碟收納空間時，最好開始檢討自己是否只留下數位音樂資料，並且把實體光碟給丟掉。除非能有這樣的決心，你才能再把CD買回家。

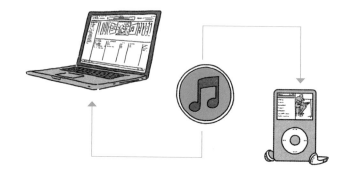

除了某些熱衷音樂的玩家，否則比起擁有物品本身，保有「空間的舒適」會更令人感到高興。

12 興趣玩物

重要度★★★★★
難易度★★★★
費時度★★★★

一次只擺出一
種陳列型物品

牆面裝飾品以
三個為限

2

休閒用品

避免把物品放在
地板上

重新檢視自己
的人生

一日60秒生活好習慣

掌握數量，
並且分為陳列型和收納型！

興趣玩物始終無法逃過不斷增加的命運，尤其身為這類物品的愛好者，絕對不可能
會輕易丟棄。如果前提是完全無法丟棄這類物品，那麼首先要執行的動作就是把握
目前所有玩物的數量。這時候，你不但會覺得家中的這類物品比想像中還多，還會
發現很多類似的收藏品。即使都是一些同質性高的物品，但無論是要自己觀賞，還
是展示給他人看，都該視物品的功能，做不同的收納。因此建議配合物品各自的性
質來整理。

一次只擺出一種陳列型物品

如果是模型、玩偶類型的物品，只要能排列整齊，日後就不用再費心整理了。另外，有些物品不用全部拿出來擺放。例如：掛軸，只需要拿一個出來擺就行了。而且還能定期更換不同紋路的掛軸，光是這樣的小動作就能讓屋內的裝飾常保新鮮感。

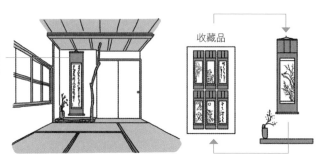

定期更換自己的收藏品，也能達到引人注意的效果

收藏品

Point

定期更換裝飾品也能幫助自己長時間持有該裝飾品。

牆面裝飾品以三個為限

無論是相框、海報或是唱片，都要拿捏好牆上的裝飾品數量。有些餐廳、喫茶店瞭解保留空間所營造出的美感，多半在店面的牆上只裝飾三樣以內的畫和照片。

Point

雖然牆角很容易累積灰塵，但由於整體數量也相對較少，因此打掃時花不了什麼工夫。

避免把物品放在地板上

不只是興趣玩物需要嚴守這項規則，只要東西一放在地上，就會在屋內瞬間蔓延開來。像是雪橇、高爾夫球桿這類較占空間的用品，雖然這麼做多少會讓人覺得取出不易，不過還是建議收納在衣櫃上層或衣櫃下層的最裡面。

Point

如果使用頻率以年來計算，就應該想辦法處理掉。

重新檢視自己的人生

如同前文所述，興趣玩物永遠無法法跳脫不斷增加的命運。由於興趣會隨著年紀、環境而產生變化，因此當自己經過搬家、換工作、結婚等人生上的轉捩點時，就要好好地檢討是否該丟棄特定的興趣玩物。

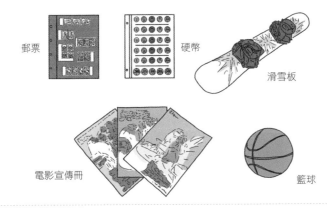

郵票　　硬幣　　滑雪板

電影宣傳冊　　籃球

Point

丟棄舊有的興趣玩物就等於是迎接全新嗜好的到來。

思考不同形式的
收納法

檢討紀念品的
必要持有量

一日60秒生活好習慣

正因為是絕無僅有的紀念品，
才更要謹慎整理！

很多人不擅長丟掉自己依戀的物品，所以才會有人習慣將過去的照片、信件保存下來。如果想要丟棄紀念品，就要從物品的重要程度依序排起，然後再選出一個重要度最低的物品丟棄。這種像是儀式般的動作，可以促成「丟掉東西的決心」，你會逐漸產生一種鬆一口氣的心情，發現自己能繼續將不要的物品處理掉。任何人都會因為年紀的增長而不斷囤積小玩物或紀念品，然而把所有物品全都留下來是不可能的事，正因為這些紀念品對自己來說是絕無僅有的物品，所以整理時才應該更謹慎處理。

檢討紀念品的必要持有量

雖然將回憶用的紀念品丟棄讓人有些不捨，不過越是珍貴的回憶就越容易烙印在心頭，因此紀念品沒有必要以量取勝。如果身邊有一些相同場景的照片，或是同一個人寄出的信件，就該挑選出非留不可的部分，至於沒必要留下的就該挑選出來處理掉。

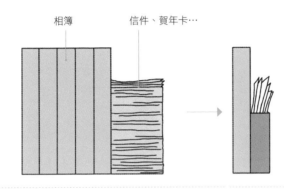

相簿　　　　　　　信件、賀年卡…

一口氣將過去的東西處理掉，可以創造出適合迎接全新機會的空間。

思考不同形式的收納法

某些體積較大或形狀複雜而不易收納的東西，建議可以用拍照留念的形式來處理。只要用數位相機拍下影像資料，以後隨時都能拿出來觀賞回味。

不容易收納的物品　　　　　使用數位相機留念　　　　　以數位資料的形式保存

如果有空，你還能為照片設立一本主題相簿。為照片分門別類的同時，還可以開開心心地回顧玩賞。

 只保存自己會
喝完的酒

 徹底終結菸酒
所造成的髒亂

一日60秒生活好習慣

許多人家中或多或少會出現的物品，
特別是男性！

不少愛喝酒的人喜歡在家中擺上威士忌、利口酒等各種酒類，這是因為洋酒和外國啤酒的瓶罐設計相當精美。雖然這意味著「外觀上值得收藏」，但過度的藏酒量只會讓自己陷入酗酒的窘境，結果不只是酒櫃放不下，還必須把多出來的酒瓶擱置在地上。還有每天吸完的香菸菸蒂會在無意識間越積越多，也會讓人越來越不想清理。總之，菸酒等嗜好品是一種無論好壞都會影響生活形象的東西，因此希望各位能積極整理、處理這類物品所製造的環境問題。

只保存自己會喝完的酒

把酒當作收藏品不斷囤積，會誘使自己在無意之間過量飲酒。因此在屋內擺設出「喝不完的酒」是沒有意義的作法，就連空間陳設上也一點都不明智。

 Point

基本上要視收納場所而定，只要空間不夠用就不要把多餘的酒留下。

技巧二

徹底終結菸酒所造成的髒亂

無論是酒類的空瓶罐，或是香菸的菸蒂，全都是屋內環境最煞風景的東西。為了避免菸酒等嗜好品讓自己的生活產生出頹廢的印象，所以要看好各自的處理時機，迅速又確實地丟之大吉。

每天丟棄

菸蒂、鋁罐　　垃圾桶

定期丟棄

沒喝完的酒　　把酒倒掉

每週丟棄一次

累積起來的空罐、空瓶　　垃圾回收場

 Point

如果家中有喝剩的酒，請避免勉強喝光，並且要養成定期丟棄酒類垃圾的習慣。

遵守地板零物品的居家原則

瞭解地板零物品的優點

地板的散亂程度會隨著個人生活習慣的不同，而產生極大的差異。既然有人的家裡垃圾多到讓人行動困難，那麼也就會有只要做好物歸原位的動作就能解決所有問題的屋子。總之無論是何種情況，我們在整理上所奉行的圭臬就是「與其把物品放在地上，不如直接丟進垃圾桶，做好物品不落地的原則」。

如果讓地板上散亂著物品，就會妨礙自己打掃屋內環境的效率，而讓自己的家變得越加髒亂不堪，其實是一種相當不衛生的狀態。而且把東西放在地上，會使自己難以在家中走動，也不方便請人到家裡來作客。接下來，我們開始談談不把物品放在地板上又會有什麼好處吧。本書認為主要優點有三種：1.變得容易打掃環境；2.外觀上看起來很乾淨；3.能維持生活上的規律感。

尤其是第3點，只要能讓生活保持規律，就能在緊急狀況下幫助自己度過難關。

而且近年來地震頻傳，因此把整理環境當成演練的一部分，說不定有朝一日真的能拯救自己的生命。

家裡地板已經被物品和垃圾掩沒的人，首先要做的就是擴充地板的面積（可見面積）。建議先從門前、桌子周圍開始動手，因為從眼睛看得見的環境下手，較能在過程中體會到實際的成就感，使自己更能持續整理。尤其是把桌子周圍給清乾淨，就能預防自己將桌面上放不下的東西擱置在地上的壞習慣。

放到地上就代表失去價值

　　整理放在地上的物品時，請將四大基本步驟（P.24）的「取出」視為已完成的動作，只要進行「分類」、「減量」、「歸位」即可。

　　不過請注意，在當初暫時放在地上的物品裡，有時會有「可以留用」的物品。由於在這個階段沒有必要收納「無須留用」的東西，所以基本上只要做好「減量」的工作即可。

　　另外還有壞掉的家電特別容易被擱置在地上。雖然許多人會覺得丟棄這類大型物品相當麻煩，甚至會有很多種難以下手的理由。對此，建議各位要先為報廢家電設定好丟棄日期，並且把日期記在筆記本或月曆上。

　　這類大型物品，一旦擱置在地上後重視的程度也就會隨之減少。但無論是束之高閣的紙箱、認為將來有機會用到的雜物堆，或是看沒幾遍就先放著的報紙、雜誌，其實幾乎都是能立即丟棄的東西。

　　雖然丟棄物品的動作需要花上不少時間，不過還是希望各位能一次就把地板上的物品全部收拾乾淨。總之，先讓空間產生出清晰的開放感，才有機會讓自己實際體驗到整頓空間的成就感。

15 成人書籍・成人光碟

重視機能的人
就將書背對向
裡面

重視視覺感受的人
就收進櫃子裡

一日60秒生活好習慣

避免和一般書籍、光碟
放在一起！

對男性而言，收納成人書籍、光碟是一種讓人頭疼的經驗。因為在處置這類物品時，後果將會影響到室內的整體景觀。因此大家常會陷入該重視機能性（方便取出），還是該重視美觀（要面子、怕不好意思）的兩難抉擇上。

換句話說，就是不知道該讓這類物品「見客」，還是深藏在他人所不知的位置，而不同的收納方式會改變房間的外觀印象。不管是重視哪一方面，放置這類物品的基本原則就是要照著持有者的使用習慣來決定，而且這類物品一定要和一般書籍、光碟分開來放。

重視視覺感受的人就收進櫃子裡

重視視覺感受的人就別把成人雜誌、光碟放在室內顯眼的地方。收納場所選擇五
斗櫃、衣櫃等書架以外的空間，並且放置在稍微打開後的櫃子最深處。

五斗櫃最下層（4）的
最裡面（2）就是死角
＝「4-2」法則

裡面　　　　　正面

「床鋪下」雖然是最普遍的隱藏地點，但也是最容易積灰塵的地方，所以不建議將這類物品藏
在這裡。

重視機能的人就將書背對向裡面

如果你是一個想把成人書籍放在伸手可及之處的人，那麼建議你把書背（只有顯
示書名的部分）面向書櫃深處，如此一來就能稍微掩人耳目。

由於只是讓書背面向書櫃深處，所以還是要防範訪客突然取出！

商品標籤正對著
前方排好

固定使用單一品牌

一日60秒生活好習慣

別因為新產品的噱頭，
失控購買用不上的化妝品！

對許多人來說，化妝品就等同於隨處四散的物品。洗臉台上，不管是髮蠟、化妝水、保濕乳液等等，大概會陳列五、六種化妝品。而且化妝品廠商常常會推陳出新，有些人只要在電視廣告裡看到新產品的全新配方，總是會忍不住一買再買，結果造成家裡有用不完的化妝品。所以本單元的整理重點就是要各位先捨棄一部分化妝品，並且讓自己遵守控制數量的規則。

商品標籤正對著前方排好

洗臉台上化妝品蓋子四處亂放不但很邋遢，而且會讓產品的使用壽命提早來臨。
所以每次使用完畢後，就要把蓋子蓋上，並且確實放回定位。如此一來，就能使
自己的生活常保遊刃有餘的狀態。

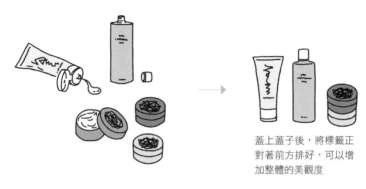

蓋上蓋子後，將標籤正
對著前方排好，可以增
加整體的美觀度

將化妝品「一個個排好」的習慣動作，可以悠哉地在每天早上進行。

固定使用單一品牌

不想增加自己手邊化妝品的數量，最好的方法就是統一使用特定廠商出的產品或
特定商品。這麼做不但可以釐清自己的喜好，而且還能養成用完後再購買補充的
習慣。

未使用的髮蠟數量請
控制在一罐以內

只要能省下不必要的化妝品費用，你也能買稍微貴一點但品質不錯的產品。

手提袋放進衣櫃內

裝在盒子內方便
隨時使用

放進手提袋保管

一日60秒生活好習慣

收納方式分為
「備用品」和「即用品」！

邀請情人來家中時，最不可或缺也是「很難收納」的東西就是保險套了。本單元整理上的重點就是「收納進訪客難以發現的場所，並且讓屋主可隨時取用」。當然，想把保險套收進只有自己知道的場所也無妨。另外要提醒的就是保險套是一種消耗品。還有，不建議把所有保險套放在同一處，將「即用品」和「備用品」分開來收納是很重要的觀念。

裝在盒子內方便隨時使用

身邊可用的保險套要以自己隨時都能使用為收納標準，平常就要裝在一個盒子內保存。如此一來就能像面紙一樣，可以放入紙盒中，需要的時候直接拿出來使用。

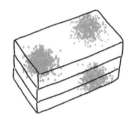

把保險套放進皮夾裡千萬要小心，因為有可能會使保險套的外包裝破裂！

技巧二

放進手提袋保管

保險套的最佳保存環境是陰涼無濕氣，並且不被陽光直射的場所。你可以把整個備用盒或是直接把保險套放進袋子裡，只要是小手提袋都適合收納保險套。

建議用布製手提袋收納，因為這種手提袋容易融入衣櫃的環境中，外觀不會顯得那麼突兀。

手提袋要放進衣櫃內

請將裝了保險套的手提袋放進衣櫃（或是和式壁櫥）裡，和衣服一起掛著。因為掛在衣架上不但容易取用，而且藏在衣服之間也不會那麼地顯眼。當然，如果你覺得這麼做很容易被他人不慎取出，也可以直接藏進衣服的口袋當中。

用衣架掛起來可以大
幅增進機能性

要注意千萬別放在防蟲劑的旁邊，以免保險套變質。

MEMO **保險套的使用期限**

雖然大多數人不會注意到這點，不過保險套確實有使用期限。一般來說，保險套的使用期限是在製造完成後的五年以內。由於外包裝上會標示，因此買回來後，使用前建議再三確認外包裝上的商品資訊。

製造日期太久遠的保險套相當容易變質破裂。而護手霜、栓劑、外用軟膏類的藥品也會成為保險套變質的主因，因此這點也必須格外注意。還有購買時絕對要選擇品質有保障的保險套，一定要認明符合安全規定的合格標示。

攜帶最小限度的行李出門旅行

　　雖然用了各種不同的角度告訴大家物品減量的重要性，但即使如此，仍然有人會捨不得丟棄物品，對於這點我其實不感到意外。因為要處理的環境不是辦公室或學校，而是讓自己可以自由生活的房間。

　　對於這類人我有一項提議，那就是不妨走出戶外來一趟旅行。這麼做是因為既然室內堆滿了物品，那就試著從這樣的屋子逃出來吧。不過，我這麼建議可不是要大家逃避整理房間的工作。至於旅行的行李，就只能帶上最小限度的必需品即可。由於你必須在準備行李時做好取捨，所以這也是一種訓練自己嚴格遴選所需物品的方法。

　　而旅行的地點、時間可隨自己的意思決定。由於行李不多，你會發現自己在旅行時走起路來顯得相當輕鬆，而且一定會漸漸地發覺到各種旅行的美好過程。之後也一定會有機會體驗，輕鬆自在的生活是多麼寶貴。

維持場所整潔的方式

掌握自己的生活形式

以下是我在某公司員工教育研討會的講課情景。在我解說完初步的整理技巧後,按照慣例會要求與會者發表自己的「整理宣言」。那是一種透過說出「何時、何地、如何整理」的方式,引發自己更積極、更有動力整理內務的活動。當時,有一位始終熱心參與研討會的男士也發表了他的「宣言」。

「我要在X月X日的晚上7點到7點30分,把某某場所的……全部一口氣打掃乾淨!」

他的宣告就像是用盡全力一般鏗鏘有力。但其實我在研討會上也曾再三強調:「整理的訣竅是一天整理一個場所,每次大約維持在15分鐘以內即可。」因此聽到那位男士的宣言時,我心想:「人類還真難將自己習慣的方法傳達給他人瞭解」。

不過,我也因此發現到「一天花15分鐘整理一個場所」或許不是唯一的方法,確實不是每個人都可以使用相同的模式、技巧實行整理內務的計畫。

這個道理也可以套用在維持空間整潔上。整理內務無須勉強自己做出改變,重要的是人們必須按照自己的生活型態來執行。

每次好不容易整理完的環境就會在不久後「打回原形」，
是否有什麼方式可以長久維持住環境的整齊清潔？

有些案例常常都是好不容易整理完的場所、物品，卻在不久後就開始變
得亂七八糟。這就是所謂「打回原形」。其實，整理工作必須開始「維
持整潔狀態」才算結束。在本書的最後，讓我們一起來探討如何長時間
維持場所的整潔吧。

使房間散亂的五種陷阱

每間散亂的房間一定都會有相同的陷阱，這樣的陷阱基本上可分為五種，如果想改善環境，那麼先檢查自己的房間是否已設下了以下五種陷阱。

陷阱1　無法決定置物場所

一個物品沒有固定的位置就等於只能在屋內漂泊不定，因此把物品放到固定位置不到處胡亂移動是很重要的觀念。

陷阱2　屋內毫無收納空間

沒有空間可收納的物品一樣只能任憑在屋內四處漂流，這個時候要優先執行的是物品減量。

陷阱3　捨不得丟棄的東西

對物品的持有太過執著，只會陷入無法減量的窘境。其實除了丟棄外，還是有其他選擇，例如：考慮轉讓給朋友，使物品得以活用；在處理掉之前，暫時放到保管箱內。

陷阱4　不知道該如何丟棄

有些不知道該如何丟棄的物品一旦散落在家中各處，很有可能會造成意外傷害。建議先到各鄉鎮市機關的官方網頁仔細瀏覽各地處理廢棄物的相關法規。

陷阱5　故障卻勉強留下來

占用空間的大型物品成為應該丟棄的垃圾，通常就會有其他同體積物品代替該物進駐空間之中。因此，請務必盡量在一定期間積極處理這類物品。

預防散亂的禍源

曾經整理過的房間之所以會再度出現散亂的景象，就是因為自己會在無意識間不斷堆放小東西。因此把這個「禍源」揪出來，也是非常重要的一環。

請你先把可能會「打回原形」的場所和物品列出一份清單，接著再思考整理的方法，並且列出一份防止「散亂的禍源」無止境蔓延的清單，接著就是從頭到尾貫徹這份清單上的方法。

例如：在清單上記下「桌面上成堆的型錄」，而解決的方法就是「一拿到型錄就馬上拆封、觀看內容，如果沒有需要的訊息就立即丟棄」。除此之外，也能多加一項規則，例如：「完全不讓型錄有待在桌面上的機會」，或是「如果有留下來的必要，也要設定好處理或丟棄的期限，並且暫時收納到保留箱裡。」

訂立這樣的規則就是為了讓自己「即使沒辦法整理，也能暫時做出合理的處置」。再舉一個例子。家中容易堆滿報紙的人，其實也能訂立「每天早上把自家訂的報紙拿到公司跟大家分享」的規則，這麼一來不僅能讓自己家中的東西物盡其用（但千萬別以為這樣就能把公共場所當成處理自家垃圾的地方）。這種不把物品帶回家的方式，可以有效斷絕物品堆積的問題源頭，對於維持環境整潔可以收到事半功倍之效。

總之，只要能習慣這些自己預先訂好的規則，日後就能用最小限度的動作、只花些許時間和工夫就能整理好屋內環境。

規畫房間中的聖地

最後，再介紹一個很有效的辦法，進一步維持屋內狀態並且長期保持完整。那就是在自家空間內規畫出一處「聖地」。當你在家裡區分出一個這樣的場所，那麼就有辦法把這個聖地般的氛圍擴散至家中的每個角落。

設立聖地的條件有以下三點：

1. 幾乎每天會使用到的場所
2. 會花上15～30分鐘整理環境的場所
3. 容易進入視線範圍的場所

當你規畫好聖地後，最重要的就是遵守「聖地內絕對要保持完美無瑕」的原則。

舉例來說：若把「桌面」當成家中的聖地，上頭不但不可以有任何一支原子筆，而且必須隨時動手整理，使其保持完美般的整齊清潔。

最後，關於隨時維持整理習慣的訣竅，還有一些小建議，希望各位能盡可能遵守。整理的動作之所以無法順利進行，最大的原因之一就是「忘記整理」。有些人只要聽他人說話或翻看書籍等稍有小事分心，就會立刻忘掉自己原本要做的工作。

老實說，就連我這個號稱「整理大師」的人也會有這種情況。這種小問題經常讓人難以維持整理的動機，降低人們的動力。雖然每個人都有自己忘記整理的藉口，不過想要推倒這塊名為「健忘」的高牆，最重要的不是讓自己的腦袋學會整理的技巧，而是要讓身體深深牢記整理的動作，養成整理的習慣。總之，要隨時注意自己是否出現「健忘」的狀況，並且努力讓自己維持牢記整理的習慣。

CHAPTER 2

物品
總整理

在第二部分的內容裡，傳授了空間內某些物品的整理技巧，我個人相信只要與第一部分融會貫通，身體力行之下絕對能養成整理時該有的態度與習慣。

無論房間大小、室內設計或是放置的物品種類、數量都會因人而異，因此整理上的困難度和所需花費的時間也會有個別差異。唯有一項觀點可以套用在所有人身上，那就是「不是沒有時間整理，而是不花時間整理」。此外，有一點也要一再強調，只要房間持續散亂下去，就很難找出日後必須在重要時刻使用的重要物品，讓自己做什麼事都拖沓不順、浪費時間。

我很清楚一般人的日常活動，總是無可避免讓房間增加物品，無法總是使房間維持完美整潔狀態。但只要你能讓整理的動作成為自身的習慣，那麼目前的生活就可以更流暢，進而實際體會到輕鬆有餘裕的生活以及舒坦的心情。

找出你的邋遢基因

不擅長整理的人，主要分為三種性格。

第一是習慣拖延、生活懶散的人。這種人不只在打掃、整理上有這種傾向，還會習慣以有其他事情得先處理或是其他理由來拖延原本應該要做的工作。

第二是容易猶疑不定、怨天尤人的人。這種人在開始行動前會再三猶豫，而且通常也無法持續整理。結果這種性格不只會在整理內務時猶豫不決，遇到任何事情都一樣會先遲疑一陣子。

第三是容易還原髒亂環境、忘東忘西的人。雖然這種人處理事情比第一種人還要有腳踏實地的魄力，但只要一達到目的就會立刻鬆懈下來，隨著狀況的不同，環境還有可能會比過去更加惡化。

下頁有份簡單的列表，可以幫助各位檢視自己的邋遢基因。只要在整理環境上有所疑慮，就要不斷尋求解決之道。

請在下列選項中打勾，看看哪些是你的邋遢基因：

A 宅男宅女，懶散有理

☐ 明知環境品質不佳，卻已超過三個月沒有整理家務

☐ 常常隨手把空飲料瓶放在桌上不管

☐ 沒想過邀請朋友、同事來家裡作客

☐ 工作忙碌，沒時間徹底打掃環境

☐ 常常找不到電視或冷氣的遙控器

B 怨天怨地，毫無頭緒

☐ 手邊有兩本以上關於整理收納的參考書

☐ 整理家務時會忍不住翻看起書或相簿

☐ 反正整理完後還是得打掃，乾脆髒個徹底再整理

☐ 一旦開始整理，就會邊做邊碎碎念

☐ 總是無法事先訂好整理的日期、時間

C 落東落西，無所不掉

☐ 常常因為打掃環境意外找出原本遺失的東西

☐ 整理完後，數小時內就會馬上變亂

☐ 總是把脫下來的衣物順手丟在沙發、床鋪

☐ 老是在外出的前一刻氣急敗壞找手機

☐ 一旦決定整理家務，多半能貫徹到最後

在ABC各項裡最多勾的類型就是你的邋遢基因。

愛找理由推拖的性格

　　雖然這類人懂得許多整理上的理論和知識，但到了需要實際行動的時候卻又裹足不前，這種人就是屬於「拖延型」性格。雖然可能會涉獵速讀法或提高效率的商務書籍，卻沒有動力去實行，造成總是沒有實際整理經驗，淪於紙上談兵。

對應法1　慢慢地逐步整理
如果你無法踏出整理的第一步，就不要想試著一口氣整理完，請先細分屋內的場所、環境，每次一點一點地動手完成整理工作。

對應法2　決定動手的時間
雖然認為自己只要感覺對了就可以隨時動手打掃，但這種事卻從來沒有發生過。建議先將整理當成自己的工作，把動手打掃的時間記在隨身手冊上，一旦下了決定就一定要按表操課。將「整理」視為當天行程。

對應法3　請到家裡作客
請親朋好友來家裡作客，可以為自己製造出把屋內環境打掃乾淨的動機。讓他人看見屋內環境也可以提高整理環境的意願。

B 經常抱怨整理工作的性格

　　雖然會確實動手整理，可是卻總是半途而廢，導致無法長時間持續下去。這是一種無法堅持到最後並且「猶疑不定」的性格。雖說本身算是充滿好奇心的人，對很多事情也多半抱持著先做了再說的態度，可是到最後卻總是三分鐘熱度。

對應法1　想像整理完的情況
事先在腦中想像完成整理工作的明確情況，這種動作能確實推動整理上的進度。請預想兩種完成影像。大的影像是整理工作完成後的整體畫面，小的則是每天一點一滴累積下來的整理畫面。花15分鐘整理，就要預想出15分鐘後的畫面。只要影像越明確就越能收到效果。

對應法2　分清楚整理與整頓的意義
整理和整頓的意義相似卻不完全相同，請確實理解兩種動作的差異，再進行環境清潔。整理就是將物品減量，整頓則是重新配置物品使用位置。

對應法3　再三檢視使用物品的真正功能
好好檢視自己曾經用過的物品，如果已經沒有用處請盡快丟棄。不過，在檢視前一定要先設定好明確的標準，例如：「過去一年內」曾經使用過的物品。

整理維持力不佳的性格

雖然能把整理工作完成，但總是無法長久維持，甚至還會變得比過去更糟，這就是所謂的「維持力不佳」的性格。雖然這種人對工作、興趣都充滿了企圖心，執行力佳，但一旦沉浸在達成目標的成就感後，原本的衝勁就會開始鬆懈下來。

對應法1　意識到自己的壞習慣
難以維持屋內整潔狀態的人常會在無意識中弄亂環境，這代表他們對於這種生活方式早就習以為常。如果能強烈意識到這是一種壞習慣，那麼就有辦法預防還原髒亂環境的狀況。

對應法2　靠規畫和規則來杜絕問題
要把整理的動作習慣化，除了刻意培養外，還需要「規畫」一下環境。
例如：養成刷牙的習慣，就「必須在刷牙場所放好刷牙用具」。在行動的場所裡放好必要工具就是最簡單的規畫。此外，如果習慣無意識地「將寶特瓶放在桌上」，那麼矯正的方法就是「只要是空寶特瓶就要丟到垃圾桶」、「還有剩下來的飲料就要拿進冰箱放」等具體化的規則。

別人看不見才更應該整理

以前我曾在某本書上看過一則小故事。

那是該書作者小時候聽父親提起的故事，內容是作者從未謀面的祖父和作者父親的往事。

作者父親孩提時代，祖父要求他為椅子漆上油漆。當時，朋友們正要找父親出去玩，於是他便快速漆好椅子。任務完成後，父親請祖父檢查椅子上油漆的完成度，祖父問道：「你漆好了嗎？」父親回答：「好了。」祖父說：「讓我檢查一下吧。」於是，便開始檢視椅子的外觀。

就在祖父跪著檢查座位下方後，當場用很嚴厲的語氣責備：「你根本沒有漆到座椅下面啊。」父親不加思索地回道：「下面不用漆也沒關係，反正也不會有人看到啊！」於是祖父回答：「原來你早就知道自己沒有漆到！」同時重新把油漆遞回給父親。

雖然這個故事的意義是教導大家

「要尊重自己的份內工作」，不過我認為這個故事也能延伸出其他寓意，其中也告訴大家整理自己的房間和順利工作之間，有著密不可分的相輔相成關係。

自己的房間原本就不是他人能輕易看見的場所，所以很多人會認為這個空間當然就是愛怎麼處理就怎麼處理，會變成什麼樣子他人也不會有什麼意見。但如果不要抱持著「會被看見才要動手整理」，而是「正因為別人看不見才要整理」的處事態度，那麼日後也會隨著工作上的經驗增長，獲得自己當初堅持的這個觀念所產生的成果回饋。

找到自己的人生方向

雖然書中不斷提到「整理」，我也自稱為「整理大師」。但這裡的整理其實有好幾種意義。以下就是我在字面上將「整理」區分出來的三種意義：

132

- 整理
- 整合
- 完整

「整理」指的就整頓、清潔自家房屋和工作場所的空間。也就是大家最能簡單理解的有秩序地清理。

第二種是「整合」，這是將整理的動作化為習慣，並形成一種生活態度。那是透過自己所設下的布置和規則，在經過整理的生活裡親身養成習慣，無意識間自然而然地整理生活環境。

最後的「完整」，則是可以指引人生方向。把有助於人生進程的必要物品留下來，不必要的物品選擇放棄。我對這種生活型態的定義就是：發現自己內心想要的生活後，進一步尋求可以獲得這種生活的方法，過程中不但要瞭解自己的目的並且決定好目標，還要以此方向積極建構出自己的生活。

本書中，也許傳授的大多是「整理」和「整合」的技巧。但是當各位確實實踐「整理術」時，絕對也包含了「完整」的概念。

希望拿著這本書的各位，可以不只讓自己的房間常保整潔，也能在每天的生活、人生中找出自己的目標。如果有幸讓大家達到如此境界，本人將深感欣慰。

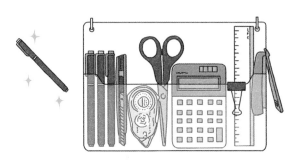

國家圖書館出版品預行編目 (CIP) 資料

全圖解 1 日 60 秒懶人整理術 / 小松易著；王榆琮譯 .
-- 初版 . -- 臺北市 : 時報文化 , 2014.09
136 面 ;14.8 ╳ 21 公分 . -- (風格生活 ; 13)
ISBN 978-957-13-6058-4(平裝)　1. 家庭佈置

422.5　　　　　　　　　　　　　　103016262

風格生活｜13

全圖解1日60秒懶人整理術

作　　者―小松易
繪　　者―石川ともこ
譯　　者―王榆琮
主　　編―林芳如
責任編輯―王俞惠
執行企劃―林倩聿
封面設計
內頁排版――林家琪

董 事 長
總 經 理――趙政岷
總 編 輯―余宜芳
出 版 者―時報文化出版企業股份有限公司
　　　　　10803 台北市和平西路三段二四〇號四樓
　　　　　發行專線―（〇二）二三〇六―六八四二
　　　　　讀者服務專線―〇八〇〇―二三一―七〇五・（〇二）二三〇四―七一〇三
　　　　　讀者服務傳真―（〇二）二三〇四―六八五八
　　　　　郵撥――九三四四七二四時報文化出版公司
　　　　　信箱―台北郵政七九～九九信箱

時報悅讀網―http//www.readingtimes.com.tw
電子郵件信箱―big@readingtimes.com.tw
法律顧問―理律法律事務所　陳長文律師、李念祖律師
印　　刷―盈昌印刷有限公司
初版一刷―二〇一四年九月十九日
定　　價―新台幣二六〇元